中华人民共和国水利部

水利工程概预算补充定额

黄河水利出版社

图书在版编目(CIP)数据

水利工程概预算补充定额/水利部水利建设经济定额站，中水北方勘测设计研究有限责任公司主编.—郑州:黄河水利出版社,2005.12(2006.8重印)

ISBN 7-80734-012-6

Ⅰ.水… Ⅱ.①水…②中… Ⅲ.①水利工程-概算定额-中国②水利工程-预算定额-中国 Ⅳ.TV512

中国版本图书馆CIP数据核字(2005)第143686号

出 版 社:黄河水利出版社

地址:河南省郑州市金水路11号　　邮政编码:450003

发行单位:黄河水利出版社

发行部电话:0371-66026940　　传真:0371-66022620

E-mail:yrcp@public.zz.ha.cn

承印单位:河南承创印务有限公司

开本:850 mm×1 168 mm　1/32

印张:5.375

字数:133千字　　印数:5 501-10 500

版次:2005年12月第1版　　印次:2006年8月第2次印刷

书号:ISBN 7-80734-012-6/TV·438　　定价:45.00元

水 利 部 文 件

水总[2005]389号

关于发布水利工程概预算补充定额的通知

各流域机构,各省、自治区、直辖市水利(水务)厅(局),各计划单列市水利(水务)局,新疆生产建设兵团水利局,水利行业各相关设计单位,中国水电工程总公司,武警水电指挥部:

2002年,我部以水总[2002]116号文颁布了《水利建筑工程预算定额》、《水利建筑工程概算定额》、《水利工程施工机械台时费定额》及《水利工程设计概(估)算编制规定》。经过几年的应用,我部水利建设经济定额站在广泛征求有关使用单位意见、对部分施工现场进行调研的基础上,组织编制了《水利工程概预算补充定额》,同时对水总[2002]116号文颁布的个别定额子目进行了局部调整。

现经审查批准，予以发布，自发布之日起执行。

《水利工程概预算补充定额》作为2002版《水利建筑工程预算定额》、《水利建筑工程概算定额》、《水利工程施工机械台时费定额》的补充，与其同时配套使用。

《水利工程概预算补充定额》由水利部水利建设经济定额站负责解释。在执行过程中如有问题请及时函告水利部水利建设经济定额站。

附件：《水利工程概预算补充定额》

中华人民共和国水利部

二〇〇五年九月七日

主题词：水利　工程　定额△　通知

水利部办公厅　　2005年9月9日印发

主编单位 水利部水利建设经济定额站

中水北方勘测设计研究有限责任公司

技术顾问 宋崇丽

主　　编 韩增芬　胡玉强

副 主 编 孙富行　罗纯通

编　　写 田孟学　李明强　潘登宇　李文刚

邵月顺　王立选　王光辉　王跃峰

前　言

水利部以水总[2002]116号文颁布的《水利建筑工程预算定额》、《水利建筑工程概算定额》、《水利工程施工机械台时费定额》，以及水利部以水建管[1999]523号文颁布的《水利水电设备安装工程概算定额》和《水利水电设备安装工程预算定额》(以下简称系列定额)实施以来，在合理确定和有效控制水利工程基本建设投资，提高投资效益等方面发挥了重要作用。

2004年2月，水利部水利建设经济定额站以水总定便字[2004]001号《关于征求对"水利工程新系列定额"使用意见的通知》，征求有关单位的使用意见和建议。定额站根据反馈的意见和建议，召开了有关单位及专家参加的专题讨论会，确定对系列定额进行补充和局部修改工作。

补充定额主要补充了近年来工程中经常使用但原定额中没有的定额子目，其编制原则、表现形式、定额水平与系列定额保持一致。

修改定额主要对个别定额的适用范围、人工和机械的效率、材料消耗量等进行了复核，经过复核，界定了定额的适用范围，提高了人工和机械的效率，降低了材料消耗量，使定额更加符合工程实际。

水总[2002]116号文颁布的系列定额的总说明、章说明适用于修改定额和补充定额。

总 目 录

《水利建筑工程补充预算定额》目录

第三章　砌石工程

第四章　混凝土工程

第五章　模板工程

第六章　砂石备料工程

第七章　钻孔灌浆及锚固工程

第九章　其他工程

《水利建筑工程补充概算定额》目录

第三章　土石填筑工程

第四章　混凝土工程

第五章　模板工程

第六章　砂石备料工程

第七章　钻孔灌浆及锚固工程

第九章　其他工程

水利建筑工程补充定额

水利建筑工程补充预算定额

第三章　砌石工程

说　明

一、本章仅包括干砌混凝土预制块定额1节。

二、本章定额计量单位按“成品方”计算。

三－1　干砌混凝土预制块

适用范围：干砌混凝土连锁块护坡、护底。

工作内容：砌筑、找平。

单位：$100m^3$

项　　目	单位	护坡		护底
		平面	曲面	
工　　长	工时	9.0	10.3	8.2
高 级 工	工时			
中 级 工	工时	135.5	154.4	122.3
初 级 工	工时	307.1	350.0	277.1
合　　计	工时	451.6	514.7	407.6
混凝土预制块	m^3	102	102	102
其他材料费	%	0.5	0.5	0.5
编　　号		YB3001	YB3002	YB3003

第四章　混凝土工程

说　明

一、本章包括混凝土凿毛、混凝土凿除、混凝土拆除、模袋混凝土、底板定额共8节。

二、混凝土拆除

混凝土拆除分液压岩石破碎机拆除、爆破拆除、破碎剂胀裂拆除和整体拆除。能用液压岩石破碎机拆除和整体拆除的部位应尽量采用，除非施工场地、施工方法和环境不允许，才采用人工凿除、爆破拆除和破碎剂胀裂拆除。

混凝土拆除不包括混凝土渣的运输。

四－1　混凝土凿毛

工作内容：凿毛深度2～3cm、清理废渣、冲洗凿面。

单位：$100m^2$

项　　目	单位	水平面	垂直面	仰面
工　　长	工时			
高 级 工	工时			
中 级 工	工时			
初 级 工	工时	163.7	229.7	321.6
合　　计	工时	163.7	229.7	321.6
零星材料费	%	5	5	5
编　　号		YB4001	YB4002	YB4003

注：1. 洞内作业，人工乘1.2系数；

2. 闸门槽按仰面定额的人工乘1.1系数。

四－2 混凝土凿除

工作内容：风钻钻孔、人工凿除，人工清理堆放混凝土渣。

单位：$100m^3$

项　　目	单位	数　量
工　　长	工时	75.9
高 级 工	工时	
中 级 工	工时	
初 级 工	工时	3721.5
合　　计	工时	3797.4
合金钻头	个	23.81
空 心 钢	kg	43.61
水	m^3	24.76
其他材料费	%	5
风　　钻　手持式	台时	138.89
风　　镐	台时	34.72
其他机械费	%	5
编　　号		YB4004

注：凿除钢筋混凝土，定额乘 1.3 系数。

四－3　液压岩石破碎机拆除混凝土

工作内容：破碎、撬移、解小、翻渣、清面。

单位：$100m^3$

项　　目		单位	数　量
工　　长		工时	
高 级 工		工时	
中 级 工		工时	
初 级 工		工时	12.0
合　　计		工时	12.0
零星材料费		%	5
液压挖掘机	$0.6m^3$	台时	45.82
	$1.0m^3$	台时	33.35
	$1.6m^3$	台时	24.00
编　　号			YB4005

注：拆除钢筋混凝土，定额乘1.3系数。

四-4 混凝土爆破拆除

工作内容：钻孔、爆破、撬移、解小、翻渣、清面。

单位：$100m^3$

项目	单位	数量
工长	工时	5.9
高级工	工时	
中级工	工时	58.8
初级工	工时	229.2
合计	工时	293.9
合金钻头	个	14.29
空心钢	kg	22.14
炸药	kg	36.30
毫秒雷管	个	1020.00
电雷管	个	102.00
导电线	m	500.00
其他材料费	%	10
风钻 手持式	台时	83.33
其他机械费	%	10
编号		YB4006

注：1. 只有底部一层钢筋的按混凝土计；

2. 拆除钢筋混凝土，定额乘 1.3 系数。

四－5 破碎剂胀裂拆除混凝土

工作内容：钻孔、破碎剂拌和与装填、风镐剔除。

单位：$100m^3$

项　　目		单位	数　量
工　　长		工时	20.7
高 级 工		工时	
中 级 工		工时	206.7
初 级 工		工时	806.0
合　　计		工时	1033.4
合金钻头		个	36.57
空 心 钢		kg	108.31
破 碎 剂		kg	1650.00
水		m^3	101.15
其他材料费		%	5
风　钻	手持式	台时	213.36
风　镐		台时	199.80
其他机械费		%	5
编　　号			YB4007

注：拆除钢筋混凝土，定额乘1.3系数。

四－6　预制混凝土梁、板整体拆除

工作内容：切割、拆除，汽车起重机吊移。

单位：$100m^3$

项　　目	单位	混凝土构件体积(m^3)					
		≤0.5	1	2	4	6	8
工　　长	工时	23.2	22.5	21.6	20.8	20.6	20.5
高 级 工	工时						
中 级 工	工时						
初 级 工	工时	440.6	427.3	410.2	395.0	390.9	389.4
合　　计	工时	463.8	449.8	431.8	415.8	411.5	409.9
零星材料费	%	5	5	5	5	5	5
汽车起重机　5t	台时	23.33					
汽车起重机　8t	台时		16.67				
汽车起重机　16t	台时			10.83			
汽车起重机　30t	台时				6.67		
汽车起重机　50t	台时					5.28	
汽车起重机　70t	台时						4.58
其他机械费	%	15	15	15	15	15	15
编　　号		YB4008	YB4009	YB4010	YB4011	YB4012	YB4013

注：拆除的混凝土构件运输另计。

四－7　模袋混凝土

(1)陆　上

适用范围:护坡、护底。

工作内容:清理平整,铺设模袋,混凝土拌和及充灌。

单位:100m^3

项　　目	单位	混凝土厚度(cm)		
		15	20	30
工　　长	工时	33.9	27.9	22.1
高 级 工	工时	79.0	65.2	51.6
中 级 工	工时	564.5	465.6	368.6
初 级 工	工时	451.6	372.5	294.9
合　　计	工时	1129.0	931.2	737.2
混 凝 土	m^3	103	103	103
土工模袋	m^2	1444	1082	721
其他材料费	%	1	1	1
搅 拌 机　0.4m^3	台时	23.14	23.14	23.14
混凝土泵　30m^3/h	台时	13.31	12.78	12.43
胶 轮 车	台时	106.69	106.69	106.69
其他机械费	%	1	1	1
混凝土水平运输	m^3	103	103	103
编　　号		YB4014	YB4015	YB4016

(2)水　下

适用范围:护坡、护底。

工作内容:清理平整,潜水员配合控制、铺设模袋,混凝土拌和及充灌。

单位:$100m^3$

项目	单位	水深≤10m		
		混凝土厚度(cm)		
		20	30	40
工长	工时	35.0	32.3	29.6
高级工	工时	81.6	75.3	69.0
中级工	工时	582.6	537.8	493.0
初级工	工时	466.1	430.2	394.4
合计	工时	1165.3	1075.6	986.0
混凝土	m^3	104	104	104
土工模袋	m^2	1103	735	546
其他材料费	%	2	2	2
甲板驳 100～200t	台时			
拖轮 110kW	台时			
搅拌机 $0.4m^3$	台时	23.14	23.14	23.14
混凝土泵 $30m^3/h$	台时	13.98	13.61	13.42
胶轮车	台时	106.69	106.69	106.69
其他机械费	%	8	8	8
混凝土水平运输	m^3	104	104	104
编号		YB4017	YB4018	YB4019

续表

项目	单位	水深>10m		
		混凝土厚度(cm)		
		20	30	40
工长	工时	25.6	23.7	21.7
高级工	工时	59.8	55.2	50.6
中级工	工时	427.2	394.4	361.5
初级工	工时	341.8	315.5	289.2
合计	工时	854.4	788.8	723.0
混凝土	m^3	104	104	104
土工模袋	m^2	1103	735	546
其他材料费	%	2	2	2
甲板驳 100～200t	台时	15.82	15.39	15.18
拖轮 110kW	台时	15.82	15.39	15.18
搅拌机 $0.4m^3$	台时	23.14	23.14	23.14
混凝土泵 $30m^3/h$	台时	13.98	13.61	13.42
胶轮车	台时	106.69	106.69	106.69
其他机械费	%	8	8	8
混凝土水平运输	m^3	104	104	104
编号		YB4020	YB4021	YB4022

四－8 底 板

适用范围：溢流堰、护坦、铺盖、阻滑板、闸底板、趾板等。

单位：$100m^3$

项 目	单位	厚 度(cm)
		≤50
工 长	工时	19.6
高 级 工	工时	26.1
中 级 工	工时	346.2
初 级 工	工时	261.2
合 计	工时	653.1
混 凝 土	m^3	103
水	m^3	120
其他材料费	%	0.5
振 动 器 1.1kW	台时	40.05
风 水 枪	台时	21.32
其他机械费	%	3
混凝土拌制	m^3	103
混凝土运输	m^3	103
编 号		YB4023

第五章　模板工程

说　明

一、本章仅包括底板衬砌滑模定额1节。

二、定额的计量单位"$100m^2$"为滑模面积,即混凝土与滑模的接触面积。

五－1　底板衬砌滑模

适用范围:隧洞、明渠底板衬砌。

(1)制　作

工作内容:模板制作,模板运输。

单位:$100m^2$

项　　目	单位	数　量
工　　长	工时	0.3
高 级 工	工时	0.8
中 级 工	工时	2.3
初 级 工	工时	0.9
合　　计	工时	4.3
型　　钢	kg	19.38
电 焊 条	kg	0.43
其他材料费	%	2
型钢剪断机　13kW	台时	0.04
载重汽车　5t	台时	0.01
电 焊 机　25kVA	台时	0.50
其他机械费	%	5
编　　号		YB5001

(2)安装、拆除

工作内容：场内运输，安装、拉滑、拆除、转移，维护保养。

单位：$100m^2$

项　　目	单位	数　量
工　　长	工时	3.7
高　级　工	工时	8.0
中　级　工	工时	14.9
初　级　工	工时	7.5
合　　计	工时	34.1
汽车起重机　12t	台时	0.27
卷　扬　机　3t	台时	12.75
其他机械费	%	5
编　　号		YB5002

第六章　砂石备料工程

说　明

一、本章包括 $1m^3$ 装载机装块石自卸汽车运输、$1.5m^3$ 装载机装块石自卸汽车运输、$2m^3$ 装载机装块石自卸汽车运输定额共3节。

二、本章定额计量单位为成品码方。

六-1 $1m^3$ 装载机装块石自卸汽车运输

适用范围：露天作业。

工作内容：装车、运输、卸除、空回。

单位：$100m^3$ 成品码方

项目		单位	运距(km)					增运1km
			1	2	3	4	5	
工长		工时						
高级工		工时						
中级工		工时						
初级工		工时	10.8	10.8	10.8	10.8	10.8	
合计		工时	10.8	10.8	10.8	10.8	10.8	
零星材料费		%	2	2	2	2	2	
装载机	$1m^3$	台时	2.03	2.03	2.03	2.03	2.03	
推土机	88kW	台时	1.02	1.02	1.02	1.02	1.02	
自卸汽车	5t	台时	10.13	12.89	15.43	17.81	20.09	2.19
	8t	台时	7.01	8.74	10.32	11.80	13.23	1.37
编号			YB6001	YB6002	YB6003	YB6004	YB6005	YB6006

六-2 1.5m³ 装载机装块石自卸汽车运输

适用范围：露天作业。

工作内容：装车、运输、卸除、空回。

单位：100m³ 成品码方

项目		单位	运距(km)					增运1km
			1	2	3	4	5	
工长		工时						
高级工		工时						
中级工		工时						
初级工		工时	7.6	7.6	7.6	7.6	7.6	
合计		工时	7.6	7.6	7.6	7.6	7.6	
零星材料费		%	2	2	2	2	2	
装载机	1.5m³	台时	1.44	1.44	1.44	1.44	1.44	
推土机	88kW	台时	0.72	0.72	0.72	0.72	0.72	
自卸汽车	8t	台时	6.40	8.11	9.69	11.17	12.60	1.37
	10t	台时	5.76	7.13	8.40	9.59	10.73	1.09
	12t	台时	5.05	6.19	7.25	8.25	9.20	0.92
编号			YB6007	YB6008	YB6009	YB6010	YB6011	YB6012

六-3 $2m^3$ 装载机装块石自卸汽车运输

适用范围：露天作业。

工作内容：装车、运输、卸除、空回。

单位：$100m^3$ 成品码方

项目		单位	运距(km)					增运1km
			1	2	3	4	5	
工长		工时						
高级工		工时						
中级工		工时						
初级工		工时	6.1	6.1	6.1	6.1	6.1	
合计		工时	6.1	6.1	6.1	6.1	6.1	
零星材料费		%	2	2	2	2	2	
装载机	$2m^3$	台时	1.14	1.14	1.14	1.14	1.14	
推土机	88kW	台时	0.57	0.57	0.57	0.57	0.57	
自卸汽车	8t	台时	6.08	7.81	9.38	10.86	12.29	1.37
	10t	台时	5.53	6.90	8.16	9.36	10.50	1.09
	12t	台时	4.88	6.02	7.07	8.06	9.02	0.92
	15t	台时	4.11	5.03	5.87	6.67	7.43	0.73
编号			YB6013	YB6014	YB6015	YB6016	YB6017	YB6018

第七章　钻孔灌浆及锚固工程

说　明

一、本章包括地下连续墙成槽——液压抓斗成槽法、地下连续墙成槽——冲击钻机配合液压抓斗成槽法、地下连续墙——深层水泥搅拌桩防渗墙、地下连续墙——振动沉模防渗板墙定额共4节。

二、本章定额单位为 m^2，工程量按阻水面积计算。

三、七－1地下连续墙成槽——液压抓斗成槽法、七－2地下连续墙成槽——冲击钻机配合液压抓斗成槽法防渗墙的混凝土浇筑，使用2002年《水利建筑工程预算定额》中七－22混凝土防渗墙浇筑定额。其中，接头系数 $K_1=1.00$，$K_2=1+0.5/H$（H 为墙深），扩孔系数 K_3 按冲击钻造孔扩孔系数计算。

七－1　地下连续墙成槽——液压抓斗成槽法

适用范围：孔深20m以内，防渗墙。

工作内容：导向槽安折、制浆、液压抓斗成槽、清孔、换浆等。

(1)墙厚0.3m

单位：100m² 阻水面积

项目	单位	地层				
		砂壤土	粉细砂	中粗砂	砾石	卵石
工长	工时	7	15	13	12	16
高级工	工时	22	48	42	37	51
中级工	工时	40	86	76	67	93
初级工	工时	75	155	147	131	176
合计	工时	144	304	278	247	336
锯材	m^3	0.26	0.26	0.26	0.26	0.26
钢材	kg	66.51	66.51	66.51	66.51	66.51
膨润土	t	0.98	1.60	1.55	2.12	2.40
碱粉	kg	36.63	60.06	46.53	53.10	60.06
水	m^3	12.21	20.02	15.51	17.70	20.02
其他材料费	%	5	5	5	5	5
液压抓斗　KH180MHL－800	台时	11.43	24.74	21.82	19.20	26.67
泥浆搅拌机	台时	12.33	26.68	23.53	20.71	28.76
泥浆泵　3PN	台时	12.33	26.68	23.53	20.71	28.76
其他机械费	%	5	5	5	5	5
编号		YB7001	YB7002	YB7003	YB7004	YB7005

注：不同孔深时，人工、材料、机械分别乘以下系数：

孔深(m)	≤20	≤30	≤40
人工	1.00	0.94	0.85
锯材、钢材	1.00	0.67	0.50
机械	1.00	1.15	1.30

(2)墙厚 0.4m

单位:100m² 阻水面积

项目	单位	地层				
		砂壤土	粉细砂	中粗砂	砾石	卵石
工长	工时	8	17	15	13	18
高级工	工时	24	53	47	41	57
中级工	工时	44	96	84	74	103
初级工	工时	84	173	164	147	197
合计	工时	160	339	310	275	375
锯材	m^3	0.26	0.26	0.26	0.26	0.26
钢材	kg	66.51	66.51	66.51	66.51	66.51
膨润土	t	1.31	2.13	2.07	2.83	3.20
碱粉	kg	48.83	80.06	62.02	70.78	80.06
水	m^3	16.28	26.69	20.67	23.59	26.69
其他材料费	%	5	5	5	5	5
液压抓斗 KH180MHL-800	台时	12.70	27.49	24.24	21.33	29.63
泥浆搅拌机	台时	13.70	29.65	26.14	23.00	31.95
泥浆泵 3PN	台时	13.70	29.65	26.14	23.00	31.95
其他机械费	%	5	5	5	5	5
编号		YB7006	YB7007	YB7008	YB7009	YB7010

(3)墙厚0.5m

单位:100m² 阻水面积

项目		单位	地层				
			砂壤土	粉细砂	中粗砂	砾石	卵石
工长		工时	9	19	17	15	20
高级工		工时	27	59	52	46	64
中级工		工时	50	108	95	84	116
初级工		工时	95	195	186	166	222
合计		工时	181	381	350	311	422
锯材		m^3	0.26	0.26	0.26	0.26	0.26
钢材		kg	66.51	66.51	66.51	66.51	66.51
膨润土		t	1.63	2.67	2.58	3.53	4.00
碱粉		kg	61.06	100.12	77.57	88.52	100.12
水		m^3	20.35	33.37	25.86	29.51	33.37
其他材料费		%	5	5	5	5	5
液压抓斗	KH180MHL-800	台时	14.29	30.93	27.27	24.00	33.33
泥浆搅拌机		台时	15.41	33.35	29.41	25.88	35.94
泥浆泵	3PN	台时	15.41	33.35	29.41	25.88	35.94
其他机械费		%	5	5	5	5	5
编号			YB7011	YB7012	YB7013	YB7014	YB7015

七－2　地下连续墙成槽——冲击钻机配合液压抓斗成槽法

适用范围：孔深 20m 以内，防渗墙。

工作内容：导向槽安拆、制浆、冲击钻机打主孔、出渣、液压抓斗抓副孔成槽、清孔、换浆等。

(1)墙厚 0.3m

单位：100m² 阻水面积

项目		单位	地层				
			砂壤土	粉细砂	中粗砂	砾石	卵石
工长		工时	7	16	14	12	17
高级工		工时	20	45	38	34	47
中级工		工时	40	89	75	67	93
初级工		工时	59	122	116	104	139
合计		工时	126	272	243	217	296
锯材		m^3	0.27	0.27	0.27	0.27	0.27
钢材		kg	70.45	81.71	75.51	75.52	81.43
膨润土		t	5.71	6.33	7.46	9.21	9.49
碱粉		kg	213.96	237.39	223.86	230.43	237.39
水		m^3	71.32	79.13	74.62	76.81	79.13
其他材料费		%	3	3	3	3	3
液压抓斗	KH180MHL－800	台时	8.00	17.32	15.27	13.44	18.67
冲击钻机	CZ－22	台时	11.93	28.28	21.65	19.83	27.90
泥浆搅拌机		台时	16.51	26.56	24.35	22.38	28.01
泥浆泵	3PN	台时	12.57	22.62	20.41	18.44	24.07
其他机械费		%	6	6	6	6	6
编号			YB7016	YB7017	YB7018	YB7019	YB7020

注：不同孔深时，人工、材料、机械分别乘以下系数：

孔深（m）		≤20	≤30	≤40
人工		1.00	0.95	0.88
锯材		1.00	0.67	0.52
钢材		1.00	0.72	0.56
液压抓斗	KH180MHL－800	1.00	1.15	1.30
泥浆搅拌机		1.00	1.10	1.21
泥浆泵	3PN	1.00	1.12	1.24

(2)墙厚0.4m

单位:100m² 阻水面积

项目		单位	地层				
			砂壤土	粉细砂	中粗砂	砾石	卵石
工长		工时	8	18	16	14	19
高级工		工时	23	50	43	38	53
中级工		工时	45	101	85	75	105
初级工		工时	67	137	131	118	157
合计		工时	143	306	275	245	334
锯材		m^3	0.28	0.28	0.28	0.28	0.28
钢材		kg	73.51	93.53	82.50	82.52	93.03
膨润土		t	5.51	6.33	6.27	9.13	9.50
碱粉		kg	206.42	237.65	219.61	228.37	237.65
水		m^3	68.81	79.22	73.20	76.12	79.22
其他材料费		%	3	3	3	3	3
液压抓斗	KH180MHL-800	台时	8.89	19.24	16.97	14.93	20.74
冲击钻机	CZ-22	台时	14.15	33.55	25.68	23.52	33.09
泥浆搅拌机		台时	16.59	27.76	25.30	23.10	29.37
泥浆泵	3PN	台时	13.09	24.26	21.80	19.60	25.87
其他机械费		%	6	6	6	6	6
编号			YB7021	YB7022	YB7023	YB7024	YB7025

(3)墙厚0.5m

单位:100m² 阻水面积

项目	单位	地层				
		砂壤土	粉细砂	中粗砂	砾石	卵石
工长	工时	9	21	18	16	22
高级工	工时	26	57	48	43	60
中级工	工时	51	113	95	85	118
初级工	工时	75	154	148	133	177
合计	工时	161	345	309	277	377
锯材	m^3	0.29	0.29	0.29	0.29	0.29
钢材	kg	77.44	108.67	91.46	91.50	107.89
膨润土	t	8.19	9.23	9.14	13.37	13.84
碱粉	kg	307.00	346.06	323.51	334.46	346.06
水	m^3	102.33	115.35	107.84	111.49	115.35
其他材料费	%	3	3	3	3	3
液压抓斗 KH180MHL-800	台时	10.00	21.65	19.09	16.80	23.33
冲击钻机 CZ-22	台时	15.87	37.62	28.79	26.38	37.11
泥浆搅拌机	台时	21.72	34.28	31.52	29.05	36.09
泥浆泵 3PN	台时	16.26	28.82	26.06	23.59	30.63
其他机械费	%	6	6	6	6	6
编号		YB7026	YB7027	YB7028	YB7029	YB7030

七－3 地下连续墙——深层水泥搅拌桩防渗墙

适用范围：孔深15m以内，墙厚0.3m，水泥掺量12%，防渗墙。

工作内容：机具就位、搅拌桩机下沉、拌制水泥浆、提升搅拌机、重复搅拌、移位。

(1)单头搅拌桩机

单位：100m² 阻水面积

项目	单位	地层				水泥掺量每增加1%
		砂壤土	粉细砂	中粗砂	砾石	
工长	工时	13	32	24	22	
高级工	工时	27	63	48	44	
中级工	工时	40	95	73	67	
初级工	工时	53	127	97	89	
合计	工时	133	317	242	222	
水泥 32.5	t	11.17	11.17	11.17	11.17	0.93
锯材	m³	0.05	0.05	0.05	0.05	
喷射管	m	0.90	0.90	0.90	0.90	
高压胶管	m	4.80	4.80	4.80	4.80	
普通胶管	m	4.80	4.80	4.80	4.80	
水	m³	16.75	16.75	16.75	16.75	1.40
其他材料费	%	5	5	5	5	
单头搅拌桩机	台时	19.08	45.22	34.61	31.71	
灰浆搅拌机	台时	19.08	45.22	34.61	31.71	
灰浆泵 4kW	台时	19.08	45.22	34.61	31.71	
灌浆自动记录仪	台时	19.08	45.22	34.61	31.71	
其他机械费	%	5	5	5	5	
编号		YB7031	YB7032	YB7033	YB7034	YB7035

注：墙厚不同时，定额乘以下列系数：

墙厚(m)	0.22	0.26	0.30	0.34	0.38
系数	0.91	0.95	1.00	1.07	1.16

(2)双头搅拌桩机

单位:100m² 阻水面积

项目	单位	地层				水泥掺量每增加1%
		砂壤土	粉细砂	中粗砂	砾石	
工长	工时	11	27	21	19	
高级工	工时	23	54	41	38	
中级工	工时	34	80	62	56	
初级工	工时	45	107	82	75	
合计	工时	113	268	206	188	
水泥 32.5	t	10.54	10.54	10.54	10.54	0.88
锯材	m³	0.04	0.04	0.04	0.04	
喷射管	m	0.78	0.78	0.78	0.78	
高压胶管	m	4.00	4.00	4.00	4.00	
普通胶管	m	4.00	4.00	4.00	4.00	
水	m³	15.81	15.81	15.81	15.81	1.32
其他材料费	%	5	5	5	5	
双头搅拌桩机	台时	12.56	29.77	22.78	20.87	
灰浆搅拌机	台时	12.56	29.77	22.78	20.87	
灰浆泵 4kW	台时	12.56	29.77	22.78	20.87	
灌浆自动记录仪	台时	12.56	29.77	22.78	20.87	
其他机械费	%	5	5	5	5	
编号		YB7036	YB7037	YB7038	YB7039	YB7040

注:墙厚不同时,定额乘以下列系数:

墙厚(m)	0.18	0.22	0.26	0.30	0.34
系数	0.86	0.90	0.94	1.00	1.08

(3)多头搅拌桩机

单位:100m² 阻水面积

项目	单位	地层				水泥掺量每增加1%
		砂壤土	粉细砂	中粗砂	砾石	
工长	工时	10	23	17	16	
高级工	工时	19	46	35	32	
中级工	工时	29	68	52	48	
初级工	工时	38	91	70	64	
合计	工时	96	228	174	160	
水泥 32.5	t	9.94	9.94	9.94	9.94	0.83
锯材	m^3	0.04	0.04	0.04	0.04	
喷射管	m	0.67	0.67	0.67	0.67	
高压胶管	m	3.20	3.20	3.20	3.20	
普通胶管	m	3.20	3.20	3.20	3.20	
水	m^3	14.92	14.92	14.92	14.92	1.24
其他材料费	%	5	5	5	5	
多头搅拌桩机 BJS-15B	台时	9.62	22.80	17.45	15.99	
灰浆搅拌机	台时	9.62	22.80	17.45	15.99	
灰浆泵 4kW	台时	9.62	22.80	17.45	15.99	
灌浆自动记录仪	台时	9.62	22.80	17.45	15.99	
其他机械费	%	5	5	5	5	
编号		YB7041	YB7042	YB7043	YB7044	YB7045

注:1.墙厚不同时,定额乘以下列系数:

墙厚(m)	0.14	0.18	0.22	0.26	0.30
系数	0.71	0.74	0.79	0.87	1.00

2.孔深 15~25m 时,改用 ZCJ-25 型多头搅拌桩机。

七－4 地下连续墙——振动沉模防渗板墙

适用范围：土质地基，墙深10m以内，防渗墙。

工作内容：机具就位，振动沉模，提升模板，砂浆拌和、运输和浇筑。

(1)墙厚0.10m

单位：$100m^2$阻水面积

项目	单位	土质级别		
		Ⅰ	Ⅱ	Ⅲ
工长	工时	7	8	9
高级工	工时	14	16	18
中级工	工时	36	39	43
初级工	工时	48	52	57
合计	工时	105	115	127
砂浆	m^3	13.00	13.00	13.00
锯材	m^3	0.20	0.20	0.20
高压胶管	m	4.00	4.00	4.00
普通胶管	m	6.00	6.00	6.00
水	m^3	9.00	10.36	12.16
其他材料费	%	3	3	3
振动沉模设备	组时	7.50	8.63	10.13
强制式混凝土搅拌机 $0.5m^3$	台时	2.34	2.34	2.34
混凝土泵 $30m^3/h$	台时	1.08	1.08	1.08
柱塞水泵 10kW	台时	4.50	5.18	6.08
灰浆泵 4kW	台时	2.70	2.70	2.70
汽车起重机 16t	台时	1.13	1.29	1.52
胶轮车	台时	10.79	10.79	10.79
其他机械费	%	5	5	5
编号		YB7046	YB7047	YB7048

注：1.砂浆按设计配合比计算。

2.不同孔深时，人工、机械分别乘以下系数：

孔深(m)	≤10	≤15	≤20
人工	1.00	1.14	1.30
振动沉模设备	1.00	1.20	1.40
柱塞水泵 10kW	1.00	1.20	1.40
汽车起重机 16t	1.00	1.50	2.00

(2)墙厚0.15m

单位:100m² 阻水面积

项目	单位	土质级别		
		Ⅰ	Ⅱ	Ⅲ
工长	工时	7	9	10
高级工	工时	15	17	20
中级工	工时	45	49	53
初级工	工时	61	65	72
合计	工时	128	140	155
砂浆	m^3	18.75	18.75	18.75
锯材	m^3	0.20	0.20	0.20
高压胶管	m	4.50	4.50	4.50
普通胶管	m	6.50	6.50	6.50
水	m^3	10.00	11.50	13.50
其他材料费	%	3	3	3
振动沉模设备	组时	8.33	9.58	11.25
强制式混凝土搅拌机 0.5m^3	台时	3.38	3.38	3.38
混凝土泵 30m^3/h	台时	1.56	1.56	1.56
柱塞水泵 10kW	台时	5.00	5.75	6.75
灰浆泵 4kW	台时	3.90	3.90	3.90
汽车起重机 16t	台时	1.25	1.44	1.69
胶轮车	台时	15.56	15.56	15.56
其他机械费	%	5	5	5
编号		YB7049	YB7050	YB7051

(3)墙厚0.20m

单位:100m² 阻水面积

项目	单位	土质级别		
		Ⅰ	Ⅱ	Ⅲ
工长	工时	8	9	11
高级工	工时	17	19	22
中级工	工时	54	57	62
初级工	工时	72	77	84
合计	工时	151	162	179
砂浆	m^3	24.00	24.00	24.00
锯材	m^3	0.20	0.20	0.20
高压胶管	m	5.00	5.00	5.00
普通胶管	m	7.00	7.00	7.00
水	m^3	11.00	12.66	14.86
其他材料费	%	3	3	3
振动沉模设备	组时	9.17	10.55	12.38
强制式混凝土搅拌机 0.5m^3	台时	4.32	4.32	4.32
混凝土泵 30m^3/h	台时	2.00	2.00	2.00
柱塞水泵 10kW	台时	5.50	6.33	7.43
灰浆泵 4kW	台时	5.00	5.00	5.00
汽车起重机 16t	台时	1.38	1.58	1.86
胶轮车	台时	19.92	19.92	19.92
其他机械费	%	5	5	5
编号		YB7052	YB7053	YB7054

第九章　其他工程

说　明

一、本章包括钢管管道铺设、预应力(自应力)混凝土管管道铺设、预应力钢筒混凝土管管道铺设、玻璃钢管管道铺设、顶管、复合柔毡铺设——热焊连接、土工膜铺设——热焊连接定额共7节。

二、管道工程定额适用于长距离输水管道的埋地铺设,不适用于室内、厂(坝)区内的管道铺设(安装),也不适用于电站、泵站的压力钢管及出水管的安装。

三、定额计量单位为管道铺设成品长度,管道铺设计量单位为1km;顶管工程计量单位为10m。

四、管道铺设按管道埋设编制。定额管材每节长度是综合取定的,实际不同时,不作调整。

五、材料消耗定额“( )”内数字根据设计选用的品种、规格按未计价装置性材料计算。

六、管道工程定额包括阀门安装,不包括阀门本体价值,阀门根据设计数量按设备计算。

七、钢管道的防腐处理费用包含在管材单价中,设计要求的必须在现场进行的特殊防腐措施费用另行计算。

九－1 钢管管道铺设

适用范围：钢管焊接连接，埋地铺设。

工作内容：切管、坡口、对口、调直、焊接、管道铺设；管件、阀门安装；阀门井砌筑；管道充水试压等。

单位：1km

项目	单位	公称直径(mm)		
		500	600	700
工长	工时	114.6	146.2	171.2
高级工	工时	973.8	1243.0	1455.0
中级工	工时	1002.4	1279.5	1497.8
初级工	工时	773.3	987.1	1155.5
合计	工时	2864.1	3655.8	4279.5
钢管	m	(1000)	(1000)	(1000)
氧气	m^3	227.84	276.76	309.00
乙炔气	m^3	64.98	78.68	87.81
电焊条	kg	402.22	561.14	642.10
尼龙砂轮片 Φ100	片	29.36	36.67	41.92
角钢	kg	16.07	16.07	17.72
其他材料费	%	8	8	8
电焊机 20kW	台时	370.80	508.20	582.60
电焊条烘干箱 60×50×75cm	台时	37.20	51.00	58.20
汽车起重机 5t	台时	54.60	63.00	71.40
试压泵 2.5MPa	台时	12.60	12.60	12.60
其他机械费	%	4	4	4
编号		YB9001	YB9002	YB9003

续表

项　　目	单位	公称直径(mm)		
		800	900	1000
工　　长	工时	195.8	219.2	247.5
高 级 工	工时	1664.5	1863.5	2103.3
中 级 工	工时	1713.4	1918.3	2165.2
初 级 工	工时	1321.8	1479.8	1670.3
合　　计	工时	4895.5	5480.8	6186.3
钢　　管	m	(1000)	(1000)	(1000)
氧　　气	m^3	376.98	411.18	527.88
乙 炔 气	m^3	107.13	119.24	151.12
电 焊 条	kg	838.21	941.32	1322.42
尼龙砂轮片　Φ100	片	53.77	60.46	71.28
角　　钢	kg	17.72	17.72	17.72
其他材料费	%	8	8	8
电 焊 机　20kW	台时	675.60	758.40	890.40
电焊条烘干箱　60×50×75cm	台时	67.80	75.60	88.80
汽车起重机　8t	台时	88.20	100.80	
汽车起重机　12t	台时			113.40
试 压 泵　2.5MPa	台时	12.60	21.00	21.00
其他机械费	%	4	4	4
编　　号		YB9004	YB9005	YB9006

续表

项　　目		单位	公称直径(mm)		
			1200	1400	1600
工　　长		工时	324.2	390.8	465.1
高 级 工		工时	2755.5	3321.4	3953.0
中 级 工		工时	2836.5	3419.1	4069.3
初 级 工		工时	2188.2	2637.6	3139.2
合　　计		工时	8104.4	9768.9	11626.6
钢　　管		m	(1000)	(1000)	(1000)
氧　　气		m^3	836.05	956.97	1114.87
乙 炔 气		m^3	237.61	271.94	316.82
电 焊 条		kg	2108.31	2456.14	2804.07
尼龙砂轮片	Φ100	片	107.64	129.16	151.51
角　　钢		kg	31.52	31.52	38.21
其他材料费		%	7	7	7
电 焊 机	20kW	台时	1427.40	1661.40	1896.60
电焊条烘干箱	60×50×75cm	台时	142.80	166.20	189.60
汽车起重机	12t	台时	121.80		
汽车起重机	16t	台时		138.60	163.80
试 压 泵	2.5MPa	台时	21.00	21.00	29.40
其他机械费		%	3	3	3
编　　号			YB9007	YB9008	YB9009

续表

项目	单位	公称直径(mm)		
		1800	2000	2200
工长	工时	564.2	650.7	824.3
高级工	工时	4795.7	5530.8	7006.4
中级工	工时	4936.7	5693.5	7212.5
初级工	工时	3808.3	4392.1	5563.9
合计	工时	14104.9	16267.1	20607.1
钢管	m	(1000)	(1000)	(1000)
氧气	m^3	1389.26	1543.66	2242.62
乙炔气	m^3	394.88	436.06	637.23
电焊条	kg	3916.78	4349.48	6375.19
尼龙砂轮片 Φ100	片	181.38	201.47	295.40
角钢	kg	38.21	38.21	62.11
其他材料费	%	7	7	7
电焊机 20kW	台时	2497.20	2773.80	4065.60
电焊条烘干箱 60×50×75cm	台时	249.60	277.20	406.80
汽车起重机 20t	台时	231.00	256.20	336.00
试压泵 2.5MPa	台时	29.40	29.40	35.70
其他机械费	%	3	3	3
编号		YB9010	YB9011	YB9012

九－2　预应力(自应力)混凝土管管道铺设

适用范围:预应力(自应力)混凝土管承插连接,埋地铺设。

工作内容:检查及清扫管材、管道安装、上胶圈、对口、调直、牵引;管件、阀门安装;阀门井砌筑;管道充水试压等。

单位:1km

项目	单位	公称直径(mm)			
		500	600	700	800
工　　长	工时	110.0	132.3	171.5	193.3
高 级 工	工时	935.1	1124.9	1458.1	1643.4
中 级 工	工时	962.6	1157.9	1501.0	1691.7
初 级 工	工时	742.6	893.3	1157.9	1305.0
合　　计	工时	2750.3	3308.4	4288.5	4833.4
预应力混凝土管	m	(1000)	(1000)	(1000)	(1000)
橡胶止水圈	个	206.00	206.00	206.00	206.00
润 滑 油	kg	22.76	26.78	30.90	35.02
电 焊 条	kg	6.18	11.23	12.46	13.80
其他材料费	%	8	8	8	8
汽车起重机　5t	台时	58.80			
汽车起重机　8t	台时		67.20	84.00	92.40
卷 扬 机　双筒慢速 5t	台时	42.00	54.60	63.00	71.40
试 压 泵　2.5MPa	台时	12.60	12.60	12.60	12.60
电 焊 机　20kW	台时	4.02	7.30	8.10	8.97
其他机械费	%	5	5	5	5
编　　号		YB9013	YB9014	YB9015	YB9016

续表

项目	单位	公称直径(mm)		
		900	1000	1200
工长	工时	216.1	260.4	334.5
高级工	工时	1837.2	2213.6	2843.0
中级工	工时	1891.2	2278.7	2926.6
初级工	工时	1458.9	1757.9	2257.7
合计	工时	5403.4	6510.6	8361.8
预应力混凝土管	m	(1000)	(1000)	(1000)
橡胶止水圈	个	206.00	206.00	206.00
润滑油	kg	39.14	43.26	51.50
电焊条	kg	16.38	19.06	20.60
其他材料费	%	8	8	8
汽车起重机 12t	台时	105.00		
汽车起重机 16t	台时		117.60	
汽车起重机 20t	台时			130.20
卷扬机 双筒慢速 5t	台时	84.00	92.40	113.40
试压泵 2.5MPa	台时	21.00	21.00	21.00
电焊机 20kW	台时	10.65	12.39	13.39
其他机械费	%	5	5	5
编号		YB9017	YB9018	YB9019

续表

项　　目		单位	公称直径(mm)		
			1400	1600	1800
工　　长		工时	399.9	478.2	569.6
高 级 工		工时	3399.6	4064.9	4841.8
中 级 工		工时	3499.5	4184.4	4984.2
初 级 工		工时	2699.6	3228.0	3845.0
合　　计		工时	9998.6	11955.5	14240.6
预应力混凝土管		m	(1000)	(1000)	(1000)
橡胶止水圈		个	206.00	206.00	206.00
润 滑 油		kg	61.80	70.04	78.28
电 焊 条		kg	21.01	30.08	33.78
其他材料费		%	8	8	8
汽车起重机	30t	台时	147.00	159.60	
汽车起重机	40t	台时			172.20
卷 扬 机	双筒慢速 5t	台时	134.40	155.40	176.40
试 压 泵	2.5MPa	台时	21.00	29.40	29.40
电 焊 机	20kW	台时	13.66	19.55	21.96
其他机械费		%	5	5	5
编　　号			YB9020	YB9021	YB9022

九－3　预应力钢筒混凝土管管道铺设

适用范围：预应力钢筒混凝土管承插连接，埋地铺设。

工作内容：检查及清扫管材、管道安装、上胶圈、对口、调直、牵引；管件、阀门安装；阀门井砌筑；管道试压。

单位：1km

项目	单位	公称直径(mm)		
		800	1000	1200
工长	工时	167.0	221.8	288.1
高级工	工时	1419.5	1885.1	2448.9
中级工	工时	1461.2	1940.6	2520.9
初级工	工时	1127.2	1497.0	1944.7
合计	工时	4174.9	5544.5	7202.6
预应力钢筒混凝土管	m	(1000)	(1000)	(1000)
橡胶止水圈	个	206.00	206.00	206.00
润滑油	kg	31.84	39.33	46.82
电焊条	kg	14.07	19.43	21.00
水泥砂浆	m^3	1.67	1.82	2.78
其他材料费	%	8	8	8
汽车起重机　8t	台时	88.00		
汽车起重机　16t	台时		112.00	
汽车起重机　20t	台时			124.00
卷扬机　双筒慢速5t	台时	69.32	89.71	110.10
试压泵　2.5MPa	台时	19.50	32.50	32.50
直流电焊机　20kW	台时	9.15	12.63	13.65
其他机械费	%	5	5	5
编号		YB9023	YB9024	YB9025

注：公称直径800～1800mm的预应力钢筒混凝土管道采用充水试压；公称直径2000～4000mm的预应力钢筒混凝土管道采用双橡胶止水圈试压。

续表

项目	单位	公称直径(mm)		
		1400	1600	1800
工　　长	工时	354.7	421.7	502.7
高　级　工	工时	3014.7	3584.5	4272.7
中　级　工	工时	3103.3	3690.0	4398.3
初　级　工	工时	2394.0	2846.6	3393.0
合　　计	工时	8866.7	10542.8	12566.7
预应力钢筒混凝土管	m	(1000)	(1000)	(1000)
橡胶止水圈	个	206.00	206.00	206.00
润　滑　油	kg	56.18	63.67	71.16
电　焊　条	kg	21.42	30.66	34.44
水泥砂浆	m^3	4.70	5.30	6.36
其他材料费	%	8	8	8
汽车起重机　30t	台时	140.00	152.00	
汽车起重机　40t	台时			164.00
卷　扬　机　双筒慢速 5t	台时	130.49	150.87	171.26
试　压　泵　2.5MPa	台时	32.50	45.50	45.50
直流电焊机　20kW	台时	13.92	19.93	22.39
其他机械费	%	5	5	5
编　　号		YB9026	YB9027	YB9028

续表

项目		单位	公称直径(mm)		
			2000	2400	2800
工长		工时	468.8	584.3	710.8
高级工		工时	3984.5	4966.2	6041.7
中级工		工时	4101.7	5112.2	6219.4
初级工		工时	3164.1	3943.7	4797.8
合计		工时	11719.1	14606.4	17769.7
预应力钢筒混凝土管		m	(1000)	(1000)	(1000)
橡胶止水圈		个	412.00	412.00	412.00
润滑油		kg	80.19	94.52	108.54
水泥砂浆		m^3	7.51	10.08	14.42
其他材料费		%	7	7	7
汽车起重机	50t	台时	177.05		
汽车起重机	70t	台时		199.18	
汽车起重机	90t	台时			220.82
卷扬机	双筒慢速 10t	台时	189.12	227.06	264.20
其他机械费		%	5	5	5
编号			YB9029	YB9030	YB9031

续表

项目	单位	公称直径(mm)		
		3200	3600	4000
工长	工时	830.4	1008.9	1176.4
高级工	工时	7058.5	8575.8	9999.4
中级工	工时	7266.1	8828.1	10293.5
初级工	工时	5605.3	6810.2	7940.7
合计	工时	20760.3	25223.0	29410.0
预应力钢筒混凝土管	m	(1000)	(1000)	(1000)
橡胶止水圈	个	412.00	515.00	515.00
润滑油	kg	122.25	138.48	155.02
水泥砂浆	m^3	18.10	27.81	35.75
其他材料费	%	7	7	7
汽车起重机 100t	台时	241.99		
汽车起重机 110t	台时		335.17	
汽车起重机 130t	台时			368.47
卷扬机 双筒慢速 10t	台时	300.54	343.07	386.40
其他机械费	%	5	5	5
编号		YB9032	YB9033	YB9034

九－4　玻璃钢管管道铺设

适用范围：玻璃钢管承插连接，埋地铺设。

工作内容：检查及清扫管材、管道安装、上胶圈、对口、调直；管件、阀门安装；阀门井砌筑；管道试压等。

单位：1km

项目		单位	公称直径(mm)			
			500	600	700	800
工长		工时	104.0	122.8	141.1	159.0
高级工		工时	883.7	1043.6	1199.4	1351.1
中级工		工时	909.7	1074.3	1234.7	1390.8
初级工		工时	701.8	828.7	952.5	1072.9
合计		工时	2599.2	3069.4	3527.7	3973.8
玻璃钢管		m	(1000)	(1000)	(1000)	(1000)
橡胶止水圈		个	172.00	172.00	172.00	172.00
润滑油		kg	11.37	13.27	15.13	16.95
其他材料费		%	9	9	9	9
汽车起重机	5t	台时	23.94	29.74	35.54	41.34
卷扬机	双筒慢速 5t	台时	15.56	21.06	26.73	32.56
其他机械费		%	7	7	7	7
编号			YB9035	YB9036	YB9037	YB9038

续表

项　　目		单位	公称直径(mm)		
			900	1000	1200
工　　长		工时	176.3	193.2	228.4
高 级 工		工时	1498.7	1642.1	1941.7
中 级 工		工时	1542.7	1690.4	1998.8
初 级 工		工时	1190.1	1304.1	1541.9
合　　计		工时	4407.8	4829.8	5710.8
玻璃钢管		m	(1000)	(1000)	(1000)
橡胶止水圈		个	172.00	172.00	172.00
润 滑 油		kg	18.73	20.46	24.07
其他材料费		%	9	8	8
汽车起重机	5t	台时	47.14		
汽车起重机	8t	台时		53.44	
汽车起重机	12t	台时			60.24
卷 扬 机	双筒慢速 5t	台时	41.30	44.69	48.84
其他机械费		%	7	6	6
编　　号			YB9039	YB9040	YB9041

续表

项目		单位	公称直径(mm)		
			1400	1600	1800
工长		工时	262.7	296.0	328.4
高级工		工时	2233.0	2516.1	2791.0
中级工		工时	2298.7	2590.1	2873.1
初级工		工时	1773.3	1998.1	2216.4
合计		工时	6567.7	7400.3	8208.9
玻璃钢管		m	(1000)	(1000)	(1000)
橡胶止水圈		个	172.00	172.00	172.00
润滑油		kg	27.60	31.04	34.39
其他材料费		%	8	8	8
汽车起重机	12t	台时	67.24		
汽车起重机	16t	台时		75.81	83.79
卷扬机	双筒慢速 5t	台时	53.15	57.62	65.36
其他机械费		%	6	6	6
编号			YB9042	YB9043	YB9044

九－5 顶 管

(1)坑内平台安拆

工作内容：安拆人工操作平台及千斤顶平台、清理现场等。

单位：1次

项目		单位	公称直径(mm)		
			800～1200	1400～1800	2000～2400
工长		工时	3.4	5.3	6.7
高级工		工时	28.5	45.3	57.2
中级工		工时	29.4	46.6	58.8
初级工		工时	22.7	35.9	45.4
合计		工时	84.0	133.1	168.1
钢板		kg	149.00	149.00	203.00
枕木		m^3	0.18	0.26	0.35
碎石	20mm	m^3	1.51	1.51	2.05
扒钉		kg	0.47	0.94	1.40
型钢		kg	120.00	170.00	200.00
其他材料费		%	8	8	8
汽车起重机	8t	台时	3.92	6.96	
汽车起重机	12t	台时			8.92
载重汽车	8t	台时	3.92	6.96	
载重汽车	10t	台时			8.92
其他机械费		%	10	10	10
编号			YB9045	YB9046	YB9047

(2)混凝土管挖土顶进

工作内容:下管、固定胀圈,安、拆、换顶铁,挖、运、吊土,顶进,泥浆减阻,纠偏;调制接缝材料,填、抹管口等。

单位:10m

项　　目		单位	公称直径(mm)		
			800	1000	1200
工　　长		工时	13.0	13.6	14.4
高 级 工		工时	110.1	115.6	122.0
中 级 工		工时	113.3	119.0	125.6
初 级 工		工时	87.4	91.8	96.9
合　　计		工时	323.8	340.0	358.9
加强钢筋混凝土管		m	(10.05)	(10.05)	(10.05)
膨 润 土		kg	258.00	324.00	388.50
碱　　粉		kg	8.94	11.23	13.47
外 加 剂	CMC	kg	7.91	9.94	11.91
水		m^3	1.72	2.16	2.59
橡 胶 板	12mm	kg	24.31	36.64	51.45
其他材料费		%	15	15	15
汽车起重机	8t	台时	7.32		
汽车起重机	16t	台时		8.72	9.76
卷 扬 机	双筒慢速 3t	台时	14.68	16.90	18.08
高压油泵	50MPa	台时	22.02	25.35	27.12
顶管设备	人工挖土 Φ1200	台时	22.02	25.35	27.12
液压千斤顶	200t	台时	44.04	50.70	54.24
泥浆搅拌机		台时	9.54	11.46	12.96
灌 浆 泵	中低压泥浆	台时	9.54	11.46	12.96
其他机械费		%	8	8	8
	编　　号		YB9048	YB9049	YB9050

续表

项目	单位	公称直径(mm)		
		1400	1600	1800
工　　长	工时	15.6	16.7	18.2
高 级 工	工时	132.2	142.4	154.4
中 级 工	工时	136.1	146.5	158.9
初 级 工	工时	105.0	113.0	122.6
合　　计	工时	388.9	418.6	454.1
加强钢筋混凝土管	m	(10.05)	(10.05)	(10.05)
膨 润 土	kg	448.50	679.50	759.00
碱　　粉	kg	15.55	23.56	26.31
外 加 剂 CMC	kg	13.75	20.84	23.28
水	m^3	2.99	4.53	5.06
橡 胶 板 12mm	kg	68.75	88.54	110.81
其他材料费	%	15	15	15
汽车起重机 20t	台时	10.32		
汽车起重机 25t	台时		13.84	
汽车起重机 30t	台时			14.48
卷 扬 机 双筒慢速 3t	台时	20.00	23.13	23.94
高 压 油 泵 50MPa	台时	30.00	34.69	35.91
顶 管 设 备 人工挖土 Φ1650	台时	30.00	34.69	
顶 管 设 备 人工挖土 Φ2000	台时			35.91
液压千斤顶 200t	台时	60.00	69.38	71.82
泥浆搅拌机	台时	14.52	16.86	18.96
灌 浆 泵 中低压泥浆	台时	14.52	16.86	18.96
其他机械费	%	8	8	8
编　　号		YB9051	YB9052	YB9053

(3)钢管挖土顶进

工作内容:安拆顶管设备,下管、切口、焊口,安、拆、换顶铁,挖、运、吊土,顶进,泥浆减阻,纠偏。

单位:10m

项目		单位	公称直径(mm)			
			800	900	1000	1200
工长		工时	8.5	8.9	9.2	10.9
高级工		工时	72.1	75.8	78.5	92.8
中级工		工时	74.2	78.1	80.8	95.5
初级工		工时	57.2	60.2	62.3	73.7
合计		工时	212.0	223.0	230.8	272.9
钢管		m	(10.05)	(10.05)	(10.05)	(10.05)
膨润土		kg	258.00	289.55	324.00	388.50
碱粉		kg	8.94	10.04	11.23	13.47
外加剂	CMC	kg	7.91	8.88	9.94	11.91
水		m^3	1.72	1.93	2.16	2.59
电焊条		kg	11.00	19.80	22.00	26.40
氧气		m^3	2.45	2.75	3.05	3.42
乙炔气		m^3	0.70	0.78	0.87	0.97
其他材料费		%	10	10	10	10
汽车起重机	8t	台时	7.32	8.72	9.24	9.76
卷扬机	双筒慢速 3t	台时	11.92	13.04	13.72	14.68
高压油泵	50MPa	台时	17.88	19.56	20.58	22.02
顶管设备	人工挖土 Φ1200	台时	17.88	19.56	20.58	22.02
液压千斤顶	200t	台时	35.76	39.12	41.16	44.04
电焊机	30kW	台时	16.88	18.56	26.88	33.36
泥浆搅拌机		台时	9.54	10.50	11.46	12.96
灌浆泵	中低压泥浆	台时	9.54	10.50	11.46	12.96
其他机械费		%	8	8	8	8
编号			YB9054	YB9055	YB9056	YB9057

续表

项目		单位	公称直径(mm)		
			1400	1600	1800
工长		工时	13.4	15.2	17.6
高级工		工时	113.7	129.3	149.4
中级工		工时	117.0	133.1	153.8
初级工		工时	90.3	102.7	118.7
合计		工时	334.3	380.3	439.5
钢管		m	(10.05)	(10.05)	(10.05)
膨润土		kg	448.50	679.50	759.00
碱粉		kg	15.55	23.56	26.31
外加剂	CMC	kg	13.75	20.84	23.28
水		m^3	2.99	4.53	5.06
电焊条		kg	33.00	36.30	49.50
氧气		m^3	4.37	4.99	6.27
乙炔气		m^3	1.24	1.42	1.78
其他材料费		%	10	10	10
汽车起重机	8t	台时	10.72		
汽车起重机	16t	台时		13.44	14.48
卷扬机	双筒慢速 3t	台时	16.24	18.76	19.44
高压油泵	50MPa	台时	24.36	28.14	29.16
顶管设备	人工挖土 Φ1650	台时	24.36		
顶管设备	人工挖土 Φ2000	台时		28.14	29.16
液压千斤顶	200t	台时	48.72	56.28	58.32
电焊机	30kW	台时	45.68	52.24	68.84
泥浆搅拌机		台时	14.52	16.86	18.96
灌浆泵	中低压泥浆	台时	14.52	16.86	18.96
其他机械费		%	8	8	8
编号			YB9058	YB9059	YB9060

续表

项　　目		单位	公称直径(mm)		
			2000	2200	2400
工　　长		工时	19.7	21.8	24.2
高级工		工时	167.3	185.3	205.7
中级工		工时	172.3	190.8	211.7
初级工		工时	132.9	147.2	163.3
合　　计		工时	492.2	545.1	604.9
钢　　管		m	(10.05)	(10.05)	(10.05)
膨润土		kg	841.50	921.00	1008.00
碱　　粉		kg	29.17	31.93	34.94
外加剂	CMC	kg	25.81	28.24	30.91
水		m^3	5.61	6.14	6.72
电焊条		kg	55.00	62.70	82.50
氧　　气		m^3	7.00	7.53	9.55
乙炔气		m^3	1.99	2.14	2.71
其他材料费		%	10	10	10
汽车起重机	16t	台时	15.76	18.92	22.24
卷扬机	双筒慢速 3t	台时	20.72	21.80	22.52
高压油泵	50MPa	台时	31.08	32.70	33.78
顶管设备	人工挖土 Φ2000	台时	31.08		
顶管设备	人工挖土 Φ2460	台时		32.70	33.78
液压千斤顶	200t	台时	62.16	65.40	67.56
电焊机	30kW	台时	76.68	83.52	92.00
泥浆搅拌机		台时	21.96	26.40	31.26
灌浆泵	中低压泥浆	台时	21.96	26.40	31.26
其他机械费		%	8	8	8
编　　号			YB9061	YB9062	YB9063

九－6 复合柔毡铺设——热焊连接

适用范围：渠道、土石坝、围堰防渗。

工作内容：场内运输，铺设，焊接。

单位：100m²

项目	单位	平铺	斜铺			
			边坡			
			1:2.5	1:2.0	1:1.5	1:1.0
工长	工时	1	1	1	1	1
高级工	工时					
中级工	工时	3	4	5	5	6
初级工	工时	13	14	15	17	22
合计	工时	17	19	21	23	29
复合柔毡	m²	105	115	120	125	130
其他材料费	%	4	4	4	4	4
编号		YB9064	YB9065	YB9066	YB9067	YB9068

九-7 土工膜铺设——热焊连接

适用范围：土石堰体防渗。斜铺边坡为1:3~1:1.5。

工作内容：场内运输，铺设，膜焊，布缝。

单位：$100m^2$

项目	单位	平铺	斜铺
工长	工时	0.4	0.5
高级工	工时		
中级工	工时	3.5	4.6
初级工	工时	9.2	12.0
合计	工时	13.1	17.1
复合土工膜	m^2	106	106
其他材料费	%	4	4
热焊机 双汉ZPR—210型	台时	0.51	0.51
土工布缝边机	台时	0.29	0.29
编号		YB9069	YB9070

水利建筑工程补充概算定额

第三章　土石填筑工程

说　明

一、本章仅包括干砌混凝土预制块定额 1 节。

二、本章定额计量单位为砌体方。

三－1 干砌混凝土预制块

适用范围：干砌混凝土连锁块护坡、护底。

工作内容：砌筑、找平。

单位：100m^3

项目	单位	护坡		护底
		平面	曲面	
工长	工时	9.3	10.6	8.4
高级工	工时			
中级工	工时	139.6	159.0	126.0
初级工	工时	316.3	360.5	285.4
合计	工时	465.2	530.1	419.8
混凝土预制块	m^3	102	102	102
其他材料费	%	0.5	0.5	0.5
编号		GB3001	GB3002	GB3003

第四章　混凝土工程

说　明

一、本章包括混凝土凿毛、混凝土凿除、混凝土拆除、模袋混凝土、底板、非岩石基础明渠定额共9节。

二、混凝土拆除

混凝土拆除分液压岩石破碎机拆除、爆破拆除、破碎剂胀裂拆除和整体拆除。能用液压岩石破碎机拆除和整体拆除的部位应尽量采用，除非施工场地、施工方法和环境不允许，才采用人工凿除、爆破拆除和破碎剂胀裂拆除。

混凝土拆除不包括混凝土渣的运输。

四－1　混凝土凿毛

工作内容：凿毛深度2～3cm，清理废渣，冲洗凿面。

单位：$100m^2$

项　　目	单位	水平面	垂直面	仰面
工　　长	工时			
高　级　工	工时			
中　级　工	工时			
初　级　工	工时	168.6	236.6	331.2
合　　计	工时	168.6	236.6	331.2
零星材料费	%	5	5	5
编　　号		GB4001	GB4002	GB4003

注：1.洞内作业，人工乘1.2系数；

2.闸门槽按仰面定额的人工乘1.1系数。

四-2 混凝土凿除

工作内容:风钻钻孔、人工凿除,人工清理堆放混凝土渣。

单位:$100m^3$

项　　目	单位	数　量
工　　长	工时	78.2
高　级　工	工时	
中　级　工	工时	
初　级　工	工时	3833.1
合　　计	工时	3911.3
合金钻头	个	24.29
空　心　钢	kg	44.48
水	m^3	25.26
其他材料费	%	5
风　钻　手持式	台时	145.83
风　镐	台时	36.46
其他机械费	%	5
编　　号		GB4004

注:凿除钢筋混凝土,定额乘1.3系数。

四－3　液压岩石破碎机拆除混凝土

工作内容：破碎、撬移、解小、翻渣、清面。

单位：100m³

项　　目		单位	数　量
工　　长		工时	
高 级 工		工时	
中 级 工		工时	
初 级 工		工时	12.4
合　　计		工时	12.4
零星材料费		%	5
液压挖掘机	0.6m³	台时	48.11
	1.0m³	台时	35.02
	1.6m³	台时	25.20
编　　号			GB4005

注：拆除钢筋混凝土，定额乘1.3系数。

四－4 混凝土爆破拆除

工作内容：钻孔、爆破、撬移、解小、翻渣、清面。

单位：100m³

项目		单位	数量
工长		工时	6.1
高级工		工时	
中级工		工时	60.6
初级工		工时	236.1
合计		工时	302.8
合金钻头		个	14.58
空心钢		kg	22.58
炸药		kg	37.03
毫秒雷管		个	1040.40
电雷管		个	104.04
导电线		m	510.00
其他材料费		%	10
风钻	手持式	台时	87.50
其他机械费		%	10
编号			GB4006

注：1. 只有底部一层钢筋的按混凝土计；

2. 拆除钢筋混凝土，定额乘 1.3 系数。

四－5 破碎剂胀裂拆除混凝土

工作内容:钻孔、破碎剂拌和与装填、风镐剔除。

单位:$100m^3$

项　　目	单位	数　量
工　　长	工时	21.3
高 级 工	工时	
中 级 工	工时	212.9
初 级 工	工时	830.2
合　　计	工时	1064.4
合金钻头	个	37.30
空 心 钢	kg	110.48
破 碎 剂	kg	1683.00
水	m^3	103.17
其他材料费	%	5
风　钻　手持式	台时	224.03
风　　镐	台时	209.79
其他机械费	%	5
编　　号		GB4007

注:拆除钢筋混凝土,定额乘 1.3 系数。

四－6 预制混凝土梁、板整体拆除

工作内容:切割、拆除,汽车起重机吊移。

单位:100m³

项目	单位	混凝土构件体积(m³)					
		≤0.5	1	2	4	6	8
工长	工时	23.9	23.2	22.2	21.4	21.2	21.1
高级工	工时						
中级工	工时						
初级工	工时	453.8	440.1	422.5	406.8	402.6	401.1
合计	工时	477.7	463.3	444.7	428.2	423.8	422.2
零星材料费	%	5	5	5	5	5	5
汽车起重机 5t	台时	24.50					
汽车起重机 8t	台时		17.50				
汽车起重机 16t	台时			11.37			
汽车起重机 30t	台时				7.00		
汽车起重机 50t	台时					5.54	
汽车起重机 70t	台时						4.81
其他机械费	%	15	15	15	15	15	15
编号		GB4008	GB4009	GB4010	GB4011	GB4012	GB4013

注:拆除的混凝土构件运输另计。

四－7 模袋混凝土

(1)陆 上

适用范围:护坡、护底。

工作内容:清理平整,铺设模袋,混凝土拌和及充灌。

单位:100m³

项目	单位	混凝土厚度(cm)		
		15	20	30
工长	工时	34.9	28.8	22.8
高级工	工时	81.4	67.1	53.2
中级工	工时	581.5	479.6	379.7
初级工	工时	465.2	383.7	303.7
合计	工时	1163.0	959.2	759.4
混凝土	m^3	104	104	104
土工模袋	m^2	1458	1092	729
其他材料费	%	1	1	1
搅拌机 0.4m³	台时	24.30	24.30	24.30
混凝土泵 30m³/h	台时	13.98	13.42	13.05
胶轮车	台时	112.03	112.03	112.03
其他机械费	%	1	1	1
混凝土水平运输	m^3	104	104	104
编号		GB4014	GB4015	GB4016

(2)水　下

适用范围:护坡、护底。

工作内容:清理平整,潜水员配合控制、铺设模袋,混凝土拌和及充灌。

单位:$100m^3$

项　目	单位	水深≤10m		
		混凝土厚度(cm)		
		20	30	40
工　长	工时	36.1	33.3	30.5
高 级 工	工时	84.0	77.6	71.1
中 级 工	工时	600.1	553.9	507.8
初 级 工	工时	480.1	443.1	406.2
合　计	工时	1200.3	1107.9	1015.6
混 凝 土	m^3	105	105	105
土工模袋	m^2	1114	742	551
其他材料费	%	2	2	2
甲 板 驳　100~200t	台时			
拖　轮　110kW	台时			
搅 拌 机　$0.4m^3$	台时	24.30	24.30	24.30
混凝土泵　$30m^3/h$	台时	14.68	14.29	14.09
胶 轮 车	台时	112.03	112.03	112.03
其他机械费	%	8	8	8
混凝土水平运输	m^3	105	105	105
编　号		GB4017	GB4018	GB4019

续表

项　　目		单位	水深＞10m		
			混凝土厚度(cm)		
			20	30	40
工　　长		工时	26.4	24.4	22.4
高 级 工		工时	61.6	56.9	52.1
中 级 工		工时	440.0	406.2	372.3
初 级 工		工时	352.1	325.0	297.9
合　　计		工时	880.1	812.5	744.7
混 凝 土		m^3	105	105	105
土工模袋		m^2	1114	742	551
其他材料费		%	2	2	2
甲 板 驳	100～200t	台时	16.61	16.16	15.94
拖　　轮	110kW	台时	16.61	16.16	15.94
搅 拌 机	$0.4m^3$	台时	24.30	24.30	24.30
混凝土泵	$30m^3/h$	台时	14.68	14.29	14.09
胶 轮 车		台时	112.03	112.03	112.03
其他机械费		%	8	8	8
混凝土水平运输		m^3	105	105	105
编　　号			GB4020	GB4021	GB4022

四－8 底 板

适用范围：溢流堰、护坦、铺盖、阻滑板、闸底板、趾板等。

单位：100m^3

项目	单位	厚度(cm) ≤50
工长	工时	23.2
高级工	工时	30.9
中级工	工时	410.1
初级工	工时	309.4
合计	工时	773.6
混凝土	m^3	118
水	m^3	141
其他材料费	%	0.5
振动器 1.1kW	台时	48.36
风水枪	台时	25.74
其他机械费	%	3
混凝土拌制	m^3	118
混凝土运输	m^3	118
编号		GB4023

四－9　非岩石基础明渠

适用范围：引水、泄水、灌溉渠道及隧洞进出口明挖段的边坡、底板，槽形整体。

单位：100m^3

项目	单位	衬砌厚度(cm)		
		15	25	35
工长	工时	27.4	20.7	16.2
高级工	工时	45.7	34.4	27.2
中级工	工时	365.9	275.8	217.0
初级工	工时	475.7	358.5	282.1
合计	工时	914.7	689.4	542.5
混凝土	m^3	110	108	106
水	m^3	138	135	113
其他材料费	%	1	1	1
振动器 1.1kW	台时	49.43	48.51	40.81
风水枪	台时	2.25	2.21	2.16
其他机械费	%	11	11	11
混凝土拌制	m^3	110	108	106
混凝土运输	m^3	110	108	106
编号		GB4024	GB4025	GB4026

第五章　模板工程

说　明

一、本章包括底板衬砌滑模和底板衬砌滑模制作定额 2 节。

二、定额的计量单位“$100m^2$”为滑模面积，即混凝土与滑模的接触面积。

五－1 底板衬砌滑模

适用范围：隧洞、明渠底板衬砌。

工作内容：场内运输；安装、拉滑、拆除、转移；维护保养。

单位：100m^2

项目	单位	数量
工长	工时	3.8
高级工	工时	8.2
中级工	工时	15.4
初级工	工时	7.7
合计	工时	35.1
模板	m^2	100
汽车起重机 12t	台时	0.28
卷扬机 3t	台时	13.13
其他机械费	%	5
编号		GB5001

五－2 底板衬砌滑模制作

适用范围：隧洞、明渠底板衬砌。

工作内容：模板制作，模板运输。

单位：$100m^2$

项　　目	单位	数　量
工　　长	工时	0.3
高 级 工	工时	0.8
中 级 工	工时	2.4
初 级 工	工时	0.9
合　　计	工时	4.4
型　　钢	kg	19.77
电 焊 条	kg	0.43
其他材料费	%	2
型钢剪断机　13kW	台时	0.04
载重汽车　5t	台时	0.01
电 焊 机　25kVA	台时	0.52
其他机械费	%	5
编　　号		GB5002

第六章　砂石备料工程

说　明

一、本章包括 $1m^3$ 装载机装块石自卸汽车运输、$1.5m^3$ 装载机装块石自卸汽车运输、$2m^3$ 装载机装块石自卸汽车运输定额共 3 节。

二、本章定额计量单位为成品码方。

六－1 $1m^3$ 装载机装块石自卸汽车运输

适用范围：露天作业。

工作内容：装车、运输、卸除、空回。

单位：$100m^3$ 成品码方

项目		单位	运距(km)					增运1km
			1	2	3	4	5	
工长		工时						
高级工		工时						
中级工		工时						
初级工		工时	11.1	11.1	11.1	11.1	11.1	
合计		工时	11.1	11.1	11.1	11.1	11.1	
零星材料费		%	2	2	2	2	2	
装载机	$1m^3$	台时	2.09	2.09	2.09	2.09	2.09	
推土机	88kW	台时	1.05	1.05	1.05	1.05	1.05	
自卸汽车	5t	台时	10.44	13.27	15.89	18.35	20.70	2.26
	8t	台时	7.22	9.00	10.63	12.15	13.62	1.41
编号			GB6001	GB6002	GB6003	GB6004	GB6005	GB6006

六－2 1.5m^3装载机装块石自卸汽车运输

适用范围：露天作业。

工作内容：装车、运输、卸除、空回。

单位：100m^3 成品码方

项目		单位	运距(km)					增运1km
			1	2	3	4	5	
工长		工时						
高级工		工时						
中级工		工时						
初级工		工时	7.8	7.8	7.8	7.8	7.8	
合计		工时	7.8	7.8	7.8	7.8	7.8	
零星材料费		%	2	2	2	2	2	
装载机	1.5m^3	台时	1.48	1.48	1.48	1.48	1.48	
推土机	88kW	台时	0.74	0.74	0.74	0.74	0.74	
自卸汽车	8t	台时	6.59	8.35	9.98	11.51	12.98	1.41
	10t	台时	5.93	7.35	8.66	9.88	11.05	1.12
	12t	台时	5.20	6.38	7.47	8.49	9.47	0.95
编号			GB6007	GB6008	GB6009	GB6010	GB6011	GB6012

六－3　$2m^3$ 装载机装块石自卸汽车运输

适用范围：露天作业。

工作内容：装车、运输、卸除、空回。

单位：$100m^3$ 成品码方

项目		单位	运距(km)					增运1km
			1	2	3	4	5	
工长		工时						
高级工		工时						
中级工		工时						
初级工		工时	6.3	6.3	6.3	6.3	6.3	
合计		工时	6.3	6.3	6.3	6.3	6.3	
零星材料费		%	2	2	2	2	2	
装载机	$2m^3$	台时	1.17	1.17	1.17	1.17	1.17	
推土机	88kW	台时	0.59	0.59	0.59	0.59	0.59	
自卸汽车	8t	台时	6.27	8.04	9.66	11.19	12.66	1.41
	10t	台时	5.70	7.11	8.41	9.64	10.82	1.12
	12t	台时	5.02	6.20	7.28	8.31	9.29	0.95
	15t	台时	4.24	5.19	6.05	6.87	7.65	0.75
编号			GB6013	GB6014	GB6015	GB6016	GB6017	GB6018

第七章　钻孔灌浆及锚固工程

说　明

一、本章包括地下连续墙成槽——液压抓斗成槽法、地下连续墙成槽——冲击钻机配合液压抓斗成槽法、地下连续墙——深层水泥搅拌桩防渗墙、地下连续墙——振动沉模防渗板墙、混凝土防渗墙浇筑定额共5节。

二、本章定额单位为 m^2，工程量按阻水面积计算。

七-1 地下连续墙成槽——液压抓斗成槽法

适用范围:孔深20m以内,防渗墙。

工作内容:导向槽安拆、制浆、液压抓斗成槽、清孔、换浆等。

(1)墙厚0.3m

单位:100m² 阻水面积

项目	单位	地层				
		砂壤土	粉细砂	中粗砂	砾石	卵石
工长	工时	7	15	13	12	16
高级工	工时	23	49	43	38	53
中级工	工时	41	89	78	69	96
初级工	工时	77	160	151	135	181
合计	工时	148	313	285	254	346
锯材	m^3	0.26	0.26	0.26	0.26	0.26
钢材	kg	67.18	67.18	67.18	67.18	67.18
膨润土	t	0.99	1.62	1.57	2.14	2.42
碱粉	kg	37.00	60.66	47.00	53.63	60.66
水	m^3	12.33	20.22	15.67	17.88	20.22
其他材料费	%	5	5	5	5	5
液压抓斗 KH180MHL-800	台时	11.77	25.48	22.47	19.78	27.47
泥浆搅拌机	台时	12.70	27.48	24.24	21.33	29.62
泥浆泵 3PN	台时	12.70	27.48	24.24	21.33	29.62
其他机械费	%	5	5	5	5	5
编号		GB7001	GB7002	GB7003	GB7004	GB7005

注:不同孔深时,人工、材料、机械分别乘以下系数:

孔深(m)	≤20	≤30	≤40
人工	1.00	0.94	0.85
锯材、钢材	1.00	0.67	0.50
机械	1.00	1.15	1.30

(2)墙厚0.4m

单位:100m² 阻水面积

项目	单位	地层				
		砂壤土	粉细砂	中粗砂	砾石	卵石
工长	工时	8	18	15	13	19
高级工	工时	25	55	48	42	59
中级工	工时	45	99	87	76	106
初级工	工时	87	178	169	151	203
合计	工时	165	350	319	282	387
锯材	m³	0.26	0.26	0.26	0.26	0.26
钢材	kg	67.18	67.18	67.18	67.18	67.18
膨润土	t	1.32	2.15	2.09	2.86	3.23
碱粉	kg	49.32	80.86	62.64	71.49	80.86
水	m³	16.44	26.96	20.88	23.83	26.96
其他材料费	%	5	5	5	5	5
液压抓斗 KH180MHL-800	台时	13.08	28.31	24.97	21.97	30.52
泥浆搅拌机	台时	14.11	30.54	26.92	23.69	32.91
泥浆泵 3PN	台时	14.11	30.54	26.92	23.69	32.91
其他机械费	%	5	5	5	5	5
编号		GB7006	GB7007	GB7008	GB7009	GB7010

(3)墙厚0.5m

单位:100m² 阻水面积

项目	单位	地层				
		砂壤土	粉细砂	中粗砂	砾石	卵石
工长	工时	9	20	18	15	21
高级工	工时	28	61	54	47	66
中级工	工时	52	111	98	87	119
初级工	工时	98	201	192	171	229
合计	工时	187	393	362	320	435
锯材	m^3	0.26	0.26	0.26	0.26	0.26
钢材	kg	67.18	67.18	67.18	67.18	67.18
膨润土	t	1.65	2.70	2.61	3.57	4.04
碱粉	kg	61.67	101.12	78.35	89.41	101.12
水	m^3	20.55	33.70	26.12	29.81	33.70
其他材料费	%	5	5	5	5	5
液压抓斗 KH180MHL-800	台时	14.72	31.86	28.09	24.72	34.33
泥浆搅拌机	台时	15.87	34.35.	30.29	26.66	37.02
泥浆泵 3PN	台时	15.87	34.35	30.29	26.66	37.02
其他机械费	%	5	5	5	5	5
编号		GB7011	GB7012	GB7013	GB7014	GB7015

七－2　地下连续墙成槽——冲击钻机配合液压抓斗成槽法

适用范围:孔深20m以内,防渗墙。

工作内容:导向槽安拆、制浆、冲击钻机打主孔、出渣、液压抓斗抓副孔成槽、清孔、换浆等。

(1)墙厚0.3m

单位:$100m^2$阻水面积

项目		单位	地层				
			砂壤土	粉细砂	中粗砂	砾石	卵石
工长		工时	7	16	14	12	18
高级工		工时	21	46	39	35	48
中级工		工时	41	92	77	69	96
初级工		工时	61	126	119	107	143
合计		工时	130	280	249	223	305
锯材		m^3	0.27	0.27	0.27	0.27	0.27
钢材		kg	71.15	82.53	76.27	76.28	82.24
膨润土		t	5.77	6.39	7.53	9.30	9.58
碱粉		kg	216.10	239.76	226.10	232.73	239.76
水		m^3	72.03	79.92	75.37	77.58	79.92
其他材料费		%	3	3	3	3	3
液压抓斗	KH180MHL－800	台时	8.24	17.84	15.73	13.84	19.23
冲击钻机	CZ－22	台时	12.29	29.13	22.30	20.42	28.74
泥浆搅拌机		台时	17.01	27.36	25.08	23.05	28.85
泥浆泵	3PN	台时	12.95	23.30	21.02	18.99	24.79
其他机械费		%	6	6	6	6	6
编号			GB7016	GB7017	GB7018	GB7019	GB7020

注:不同孔深时,人工、材料、机械分别乘以下系数:

孔深(m)		≤20	≤30	≤40
人工		1.00	0.95	0.88
锯材		1.00	0.67	0.52
钢材		1.00	0.72	0.56
液压抓斗	KH180MHL－800	1.00	1.15	1.30
泥浆搅拌机		1.00	1.10	1.21
泥浆泵	3PN	1.00	1.12	1.24

(2)墙厚0.4m

单位:100m² 阻水面积

项目	单位	地层				
		砂壤土	粉细砂	中粗砂	砾石	卵石
工长	工时	8	19	16	14	20
高级工	工时	24	52	44	39	55
中级工	工时	46	104	88	77	108
初级工	工时	69	141	135	122	162
合计	工时	147	316	283	252	345
锯材	m^3	0.28	0.28	0.28	0.28	0.28
钢材	kg	74.25	94.47	83.33	83.35	93.96
膨润土	t	5.57	6.39	6.33	9.22	9.60
碱粉	kg	208.48	240.03	221.81	230.65	240.03
水	m^3	69.50	80.01	73.93	76.88	80.01
其他材料费	%	3	3	3	3	3
液压抓斗 KH180MHL-800	台时	9.16	19.82	17.48	15.38	21.36
冲击钻机 CZ-22	台时	14.57	34.56	26.45	24.23	34.08
泥浆搅拌机	台时	17.09	28.59	26.06	23.79	30.25
泥浆泵 3PN	台时	13.48	24.99	22.45	20.19	26.65
其他机械费	%	6	6	6	6	6
编号		GB7021	GB7022	GB7023	GB7024	GB7025

(3)墙厚0.5m

单位:100m² 阻水面积

项目	单位	地层				
		砂壤土	粉细砂	中粗砂	砾石	卵石
工长	工时	9	22	19	16	23
高级工	工时	27	59	49	44	62
中级工	工时	53	116	98	88	122
初级工	工时	77	159	152	137	182
合计	工时	166	356	318	285	389
锯材	m^3	0.29	0.29	0.29	0.29	0.29
钢材	kg	78.21	109.76	92.37	92.42	108.97
膨润土	t	8.27	9.32	9.23	13.50	13.98
碱粉	kg	310.07	349.52	326.75	337.80	349.52
水	m^3	103.35	116.50	108.92	112.60	116.50
其他材料费	%	3	3	3	3	3
液压抓斗 KH180MHL-800	台时	10.30	22.30	19.66	17.30	24.03
冲击钻机 CZ-22	台时	16.35	38.75	29.65	27.17	38.22
泥浆搅拌机	台时	22.37	35.31	32.47	29.92	37.17
泥浆泵 3PN	台时	16.75	29.68	26.84	24.30	31.55
其他机械费	%	6	6	6	6	6
编号		GB7026	GB7027	GB7028	GB7029	GB7030

七－3 地下连续墙——深层水泥搅拌桩防渗墙

适用范围：孔深15m以内，墙厚0.3m，水泥掺量12%，防渗墙。

工作内容：机具就位、搅拌桩机下沉、拌制水泥浆、提升搅拌机、重复搅拌、移位。

(1)单头搅拌桩机

单位：100m^2阻水面积

项目	单位	地层				水泥掺量
		砂壤土	粉细砂	中粗砂	砾石	每增加1%
工长	工时	13	33	25	23	
高级工	工时	28	65	49	45	
中级工	工时	41	98	75	69	
初级工	工时	55	131	100	92	
合计	工时	137	327	249	229	
水泥 32.5	t	11.28	11.28	11.28	11.28	0.94
锯材	m^3	0.05	0.05	0.05	0.05	
喷射管	m	0.91	0.91	0.91	0.91	
高压胶管	m	4.85	4.85	4.85	4.85	
普通胶管	m	4.85	4.85	4.85	4.85	
水	m^3	16.92	16.92	16.92	16.92	1.41
其他材料费	%	5	5	5	5	
单头搅拌桩机	台时	19.65	46.58	35.65	32.66	
灰浆搅拌机	台时	19.65	46.58	35.65	32.66	
灰浆泵 4kW	台时	19.65	46.58	35.65	32.66	
灌浆自动记录仪	台时	19.65	46.58	35.65	32.66	
其他机械费	%	5	5	5	5	
编号		GB7031	GB7032	GB7033	GB7034	GB7035

注：墙厚不同时，定额乘以下列系数：

墙厚(m)	0.22	0.26	0.30	0.34	0.38
系数	0.91	0.95	1.00	1.07	1.16

(2)双头搅拌桩机

单位:100m² 阻水面积

项　　目	单位	地层 砂壤土	地层 粉细砂	地层 中粗砂	地层 砾石	水泥掺量每增加1%
工　长	工时	11	28	22	20	
高级工	工时	24	56	42	39	
中级工	工时	35	82	64	58	
初级工	工时	46	110	84	77	
合　计	工时	116	276	212	194	
水　泥　32.5	t	10.65	10.65	10.65	10.65	0.89
锯　材	m^3	0.04	0.04	0.04	0.04	
喷射管	m	0.79	0.79	0.79	0.79	
高压胶管	m	4.04	4.04	4.04	4.04	
普通胶管	m	4.04	4.04	4.04	4.04	
水	m^3	15.97	15.97	15.97	15.97	1.33
其他材料费	%	5	5	5	5	
双头搅拌桩机	台时	12.94	30.66	23.46	21.50	
灰浆搅拌机	台时	12.94	30.66	23.46	21.50	
灰浆泵　4kW	台时	12.94	30.66	23.46	21.50	
灌浆自动记录仪	台时	12.94	30.66	23.46	21.50	
其他机械费	%	5	5	5	5	
编　号		GB7036	GB7037	GB7038	GB7039	GB7040

注:墙厚不同时,定额乘以下列系数:

墙　厚(m)	0.18	0.22	0.26	0.30	0.34
系　数	0.86	0.90	0.94	1.00	1.08

(3)多头搅拌桩机

单位：100m² 阻水面积

项目	单位	地层				水泥掺量每增加1%
		砂壤土	粉细砂	中粗砂	砾石	
工长	工时	10	24	18	16	
高级工	工时	20	47	36	33	
中级工	工时	30	70	54	49	
初级工	工时	39	94	72	66	
合计	工时	99	235	180	164	
水泥 32.5	t	10.04	10.04	10.04	10.04	0.84
锯材	m^3	0.04	0.04	0.04	0.04	
喷射管	m	0.68	0.68	0.68	0.68	
高压胶管	m	3.23	3.23	3.23	3.23	
普通胶管	m	3.23	3.23	3.23	3.23	
水	m^3	15.07	15.07	15.07	15.07	1.25
其他材料费	%	5	5	5	5	
多头搅拌桩机 BJS-15B	台时	9.91	23.48	17.97	16.47	
灰浆搅拌机	台时	9.91	23.48	17.97	16.47	
灰浆泵 4kW	台时	9.91	23.48	17.97	16.47	
灌浆自动记录仪	台时	9.91	23.48	17.97	16.47	
其他机械费	%	5	5	5	5	
编号		GB7041	GB7042	GB7043	GB7044	GB7045

注：1.墙厚不同时，定额乘以下列系数：

墙厚（m）	0.14	0.18	0.22	0.26	0.30
系数	0.71	0.74	0.79	0.87	1.00

2.孔深15～25m时，改用ZCJ-25型多头搅拌桩机。

七－4 地下连续墙——振动沉模防渗板墙

适用范围：土质地基，墙深10m以内，防渗墙。

工作内容：机具就位，振动沉模，提升模板，砂浆拌和、运输和浇筑。

(1)墙厚0.10m

单位：100m² 阻水面积

项目	单位	土质级别		
		Ⅰ	Ⅱ	Ⅲ
工长	工时	7	8	9
高级工	工时	14	16	19
中级工	工时	37	40	44
初级工	工时	50	54	59
合计	工时	108	118	131
砂浆	m^3	13.13	13.13	13.13
锯材	m^3	0.20	0.20	0.20
高压胶管	m	4.04	4.04	4.04
普通胶管	m	6.06	6.06	6.06
水	m^3	9.09	10.46	12.28
其他材料费	%	3	3	3
振动沉模设备	组时	7.73	8.89	10.43
强制式混凝土搅拌机 0.5m^3	台时	2.41	2.41	2.41
混凝土泵 30m^3/h	台时	1.11	1.11	1.11
柱塞水泵 10kW	台时	4.64	5.34	6.26
灰浆泵 4kW	台时	2.78	2.78	2.78
汽车起重机 16t	台时	1.16	1.33	1.57
胶轮车	台时	11.11	11.11	11.11
其他机械费	%	5	5	5
编号		GB7046	GB7047	GB7048

注：1.砂浆按设计配合比计算。

2.不同孔深时，人工、机械分别乘以下系数：

孔深(m)	≤10	≤15	≤20
人工	1.00	1.14	1.30
振动沉模设备	1.00	1.20	1.40
柱塞水泵 10kW	1.00	1.20	1.40
汽车起重机 16t	1.00	1.50	2.00

(2)墙厚0.15m

单位:100m² 阻水面积

项目	单位	土质级别		
		Ⅰ	Ⅱ	Ⅲ
工长	工时	7	9	10
高级工	工时	15	18	21
中级工	工时	46	50	55
初级工	工时	62	66	74
合计	工时	130	143	160
砂浆	m^3	18.94	18.94	18.94
锯材	m^3	0.20	0.20	0.20
高压胶管	m	4.55	4.55	4.55
普通胶管	m	6.57	6.57	6.57
水	m^3	10.10	11.62	13.64
其他材料费	%	3	3	3
振动沉模设备	组时	8.58	9.87	11.59
强制式混凝土搅拌机 0.5m^3	台时	3.48	3.48	3.48
混凝土泵 30m^3/h	台时	1.61	1.61	1.61
柱塞水泵 10kW	台时	5.15	5.92	6.95
灰浆泵 4kW	台时	4.02	4.02	4.02
汽车起重机 16t	台时	1.29	1.48	1.74
胶轮车	台时	16.03	16.03	16.03
其他机械费	%	5	5	5
编号		GB7049	GB7050	GB7051

(3)墙厚0.20m

单位:100m² 阻水面积

项目	单位	土质级别		
		Ⅰ	Ⅱ	Ⅲ
工长	工时	8	9	11
高级工	工时	18	20	23
中级工	工时	56	59	64
初级工	工时	74	79	87
合计	工时	156	167	185
砂浆	m^3	24.24	24.24	24.24
锯材	m^3	0.20	0.20	0.20
高压胶管	m	5.05	5.05	5.05
普通胶管	m	7.07	7.07	7.07
水	m^3	11.11	12.79	15.01
其他材料费	%	3	3	3
振动沉模设备	组时	9.45	10.87	12.75
强制式混凝土搅拌机 0.5m^3	台时	4.45	4.45	4.45
混凝土泵 30m^3/h	台时	2.06	2.06	2.06
柱塞水泵 10kW	台时	5.67	6.52	7.65
灰浆泵 4kW	台时	5.15	5.15	5.15
汽车起重机 16t	台时	1.42	1.63	1.92
胶轮车	台时	20.52	20.52	20.52
其他机械费	%	5	5	5
编号		GB7052	GB7053	GB7054

七－5　混凝土防渗墙浇筑

适用范围：混凝土防渗墙槽孔混凝土浇筑。

工作内容：搭拆浇筑平台、装拆导管、浇筑及质量检查、墙顶混凝土凿除等。

(1)墙厚0.3m

单位：$100m^2$ 阻水面积

项　　目	单位	地层		
		漂石、卵石	细砂、砾石	其他
工　　长	工时	6	5	5
高 级 工	工时	22	21	20
中 级 工	工时	80	77	73
初 级 工	工时	111	107	102
合　　计	工时	219	210	200
水下混凝土	m^3	37.70	36.13	34.56
钢 导 管	kg	3.70	3.54	3.39
橡 皮 板	kg	7.39	7.09	6.78
锯　　材	m^3	0.23	0.22	0.21
其他材料费	%	3	3	3
搅 拌 机　0.4m^3	台时	6.97	6.68	6.39
胶 轮 车	台时	32.23	30.89	29.55
汽车起重机　8t	台时	5.66	5.42	5.18
载重汽车　5t	台时	0.19	0.18	0.17
其他机械费	%	2	2	2
混凝土运输	m^3	37.70	36.13	34.56
编　　号		GB7055	GB7056	GB7057

(2)墙厚 0.4m

单位:100m² 阻水面积

项目	单位	地层		
		漂石、卵石	细砂、砾石	其他
工长	工时	8	7	7
高级工	工时	30	28	27
中级工	工时	107	102	98
初级工	工时	148	142	136
合计	工时	293	279	268
水下混凝土	m^3	50.26	48.17	46.08
钢导管	kg	4.93	4.72	4.52
橡皮板	kg	9.86	9.45	9.04
锯材	m^3	0.31	0.29	0.28
其他材料费	%	3	3	3
搅拌机 $0.4m^3$	台时	9.30	8.91	8.52
胶轮车	台时	42.97	41.19	39.40
汽车起重机 8t	台时	7.54	7.23	6.91
载重汽车 5t	台时	0.25	0.24	0.23
其他机械费	%	2	2	2
混凝土运输	m^3	50.26	48.17	46.08
编号		GB7058	GB7059	GB7060

(3)墙厚0.5m

单位:100m² 阻水面积

项目	单位	地层		
		漂石、卵石	细砂、砾石	其他
工长	工时	9	9	9
高级工	工时	37	36	34
中级工	工时	133	128	122
初级工	工时	185	178	170
合计	工时	364	351	335
水下混凝土	m^3	62.83	60.21	57.59
钢导管	kg	6.16	5.90	5.65
橡皮板	kg	12.32	11.81	11.29
锯材	m^3	0.38	0.37	0.35
其他材料费	%	3	3	3
搅拌机 0.4m³	台时	11.62	11.14	10.65
胶轮车	台时	53.72	51.48	49.24
汽车起重机 8t	台时	9.42	9.03	8.64
载重汽车 5t	台时	0.31	0.30	0.29
其他机械费	%	2	2	2
混凝土运输	m^3	62.83	60.21	57.59
编号		GB7061	GB7062	GB7063

第九章　其他工程

说　明

一、本章包括钢管管道铺设、预应力(自应力)混凝土管管道铺设、预应力钢筒混凝土管管道铺设、玻璃钢管管道铺设、顶管、复合柔毡铺设——热焊连接、土工膜铺设——热焊连接定额共7节。

二、管道工程定额适用于长距离输水管道的埋地铺设,不适用于室内、厂(坝)区内的管道铺设(安装),也不适用于电站、泵站的压力钢管及出水管的安装。

三、定额计量单位为管道铺设成品长度,管道铺设计量单位为1km;顶管工程计量单位为10m。

四、管道铺设按管道埋设编制。定额管材每节长度是综合取定的,实际不同时,不作调整。

五、材料消耗定额“( )”内数字根据设计选用的品种、规格按未计价装置性材料计算。

六、管道工程定额包括阀门安装,不包括阀门本体价值,阀门根据设计数量按设备计算。

七、钢管道的防腐处理费用包含在管材单价中,设计要求的必须在现场进行的特殊防腐措施费用另行计算。

九－1 钢管管道铺设

适用范围:钢管焊接连接,埋地铺设。

工作内容:切管、坡口、对口、调直、焊接、管道铺设;管件、阀门安装;阀门井砌筑;管道充水试压等。

单位:1km

项目	单位	公称直径(mm)		
		500	600	700
工长	工时	118.0	150.6	176.3
高级工	工时	1003.0	1280.3	1498.7
中级工	工时	1032.5	1317.9	1542.7
初级工	工时	796.5	1016.7	1190.2
合计	工时	2950.0	3765.5	4407.9
钢管	m	(1000)	(1000)	(1000)
氧气	m^3	232.40	282.30	315.18
乙炔气	m^3	66.28	80.25	89.57
电焊条	kg	410.26	572.36	654.94
尼龙砂轮片 Φ100	片	29.95	37.40	42.76
角钢	kg	16.39	16.39	18.07
其他材料费	%	8	8	8
电焊机 20kW	台时	389.34	533.61	611.73
电焊条烘干箱 60×50×75cm	台时	39.06	53.55	61.11
汽车起重机 5t	台时	57.33	66.15	74.97
试压泵 2.5MPa	台时	13.23	13.23	13.23
其他机械费	%	4	4	4
编号		GB9001	GB9002	GB9003

续表

项　　目	单位	公称直径(mm)		
		800	900	1000
工　　长	工时	201.7	225.8	254.9
高 级 工	工时	1714.4	1919.4	2166.4
中 级 工	工时	1764.8	1975.8	2230.2
初 级 工	工时	1361.5	1524.2	1720.4
合　　计	工时	5042.4	5645.2	6371.9
钢　　管	m	(1000)	(1000)	(1000)
氧　　气	m^3	384.52	419.40	538.44
乙 炔 气	m^3	109.27	121.62	154.14
电 焊 条	kg	854.97	960.15	1348.87
尼龙砂轮片　Φ100	片	54.85	61.67	72.71
角　　钢	kg	18.07	18.07	18.07
其他材料费	%	8	8	8
电 焊 机　20kW	台时	709.38	796.32	934.92
电焊条烘干箱　60×50×75cm	台时	71.19	79.38	93.24
汽车起重机　8t	台时	92.61	105.84	
汽车起重机　12t	台时			119.07
试 压 泵　2.5MPa	台时	13.23	22.05	22.05
其他机械费	%	4	4	4
编　　号		GB9004	GB9005	GB9006

续表

项　目		单位	公称直径(mm)		
			1200	1400	1600
工　长		工时	333.9	402.5	479.1
高 级 工		工时	2838.2	3421.0	4071.6
中 级 工		工时	2921.6	3521.7	4191.4
初 级 工		工时	2253.8	2716.7	3233.4
合　计		工时	8347.5	10061.9	11975.5
钢　管		m	(1000)	(1000)	(1000)
氧　气		m^3	852.77	976.11	1137.17
乙 炔 气		m^3	242.36	277.38	323.16
电 焊 条		kg	2150.48	2505.26	2860.15
尼龙砂轮片	Φ100	片	109.79	131.74	154.54
角　钢		kg	32.15	32.15	38.97
其他材料费		%	7	7	7
电 焊 机	20kW	台时	1498.77	1744.47	1991.43
电焊条烘干箱	60×50×75cm	台时	149.94	174.51	199.08
汽车起重机	12t	台时	127.89		
汽车起重机	16t	台时		145.53	171.99
试 压 泵	2.5MPa	台时	22.05	22.05	30.87
其他机械费		%	3	3	3
编　号			GB9007	GB9008	GB9009

续表

项目	单位	公称直径(mm)		
		1800	2000	2200
工长	工时	581.1	670.2	849.0
高级工	工时	4939.6	5696.7	7216.6
中级工	工时	5084.8	5864.3	7428.9
初级工	工时	3922.5	4523.9	5730.8
合计	工时	14528.0	16755.1	21225.3
钢管	m	(1000)	(1000)	(1000)
氧气	m^3	1417.05	1574.53	2287.47
乙炔气	m^3	402.78	444.78	649.97
电焊条	kg	3995.12	4436.47	6502.69
尼龙砂轮片 Φ100	片	185.01	205.50	301.31
角钢	kg	38.97	38.97	63.35
其他材料费	%	7	7	7
电焊机 20kW	台时	2622.06	2912.49	4268.88
电焊条烘干箱 60×50×75cm	台时	262.08	291.06	427.14
汽车起重机 20t	台时	242.55	269.01	352.80
试压泵 2.5MPa	台时	30.87	30.87	37.49
其他机械费	%	3	3	3
编号		GB9010	GB9011	GB9012

九－2　预应力(自应力)混凝土管管道铺设

适用范围:预应力(自应力)混凝土管承插连接,埋地铺设。

工作内容:检查及清扫管材、管道安装、上胶圈、对口、调直、牵引;管件、阀门安装;阀门井砌筑;管道充水试压等。

单位:1km

项目	单位	公称直径(mm)			
		500	600	700	800
工　　长	工时	113.3	136.3	176.6	199.1
高　级　工	工时	963.2	1158.6	1501.8	1692.7
中　级　工	工时	991.5	1192.6	1546.0	1742.5
初　级　工	工时	764.9	920.1	1192.6	1344.2
合　　计	工时	2832.9	3407.6	4417.0	4978.5
预应力混凝土管	m	(1000)	(1000)	(1000)	(1000)
橡胶止水圈	个	210.00	210.00	210.00	210.00
润　滑　油	kg	23.22	27.32	31.52	35.72
电　焊　条	kg	6.30	11.45	12.71	14.08
其他材料费	%	8	8	8	8
汽车起重机　5t	台时	61.74			
汽车起重机　8t	台时		70.56	88.20	97.02
卷　扬　机　双筒慢速 5t	台时	44.10	57.33	66.15	74.97
试　压　泵　2.5MPa	台时	13.23	13.23	13.23	13.23
电　焊　机　20kW	台时	4.22	7.66	8.50	9.42
其他机械费	%	5	5	5	5
编　　号		GB9013	GB9014	GB9015	GB9016

续表

项　　目	单位	公称直径(mm)		
		900	1000	1200
工　　长	工时	222.6	268.2	344.5
高 级 工	工时	1892.3	2280.0	2928.3
中 级 工	工时	1947.9	2347.1	3014.4
初 级 工	工时	1502.7	1810.6	2325.4
合　　计	工时	5565.5	6705.9	8612.6
预应力混凝土管	m	(1000)	(1000)	(1000)
橡胶止水圈	个	210.00	210.00	210.00
润 滑 油	kg	39.92	44.13	52.53
电 焊 条	kg	16.71	19.44	21.01
其他材料费	%	8	8	8
汽车起重机　12t	台时	110.25		
汽车起重机　16t	台时		123.48	
汽车起重机　20t	台时			136.71
卷 扬 机　双筒慢速 5t	台时	88.20	97.02	119.07
试 压 泵　2.5MPa	台时	22.05	22.05	22.05
电 焊 机　20kW	台时	11.81	13.01	14.06
其他机械费	%	5	5	5
编　　号		GB9017	GB9018	GB9019

续表

项目	单位	公称直径(mm)		
		1400	1600	1800
工长	工时	411.9	492.5	586.7
高级工	工时	3501.6	4186.8	4987.1
中级工	工时	3604.5	4309.9	5133.7
初级工	工时	2780.6	3324.8	3960.4
合计	工时	10298.6	12314.0	14667.9
预应力混凝土管	m	(1000)	(1000)	(1000)
橡胶止水圈	个	210.00	210.00	210.00
润滑油	kg	63.04	71.44	79.85
电焊条	kg	21.43	30.68	34.46
其他材料费	%	8	8	8
汽车起重机 30t	台时	154.35	167.58	
汽车起重机 40t	台时			180.81
卷扬机 双筒慢速 5t	台时	141.12	163.17	185.22
试压泵 2.5MPa	台时	22.05	30.87	30.87
电焊机 20kW	台时	14.34	20.53	23.05
其他机械费	%	5	5	5
编号		GB9020	GB9021	GB9022

九－3　预应力钢筒混凝土管管道铺设

适用范围：预应力钢筒混凝土管承插连接，埋地铺设。

工作内容：检查及清扫管材、管道安装、上胶圈、对口、调直、牵引；管件、阀门安装；阀门井砌筑；管道试压。

单位：1km

项　目	单位	公称直径(mm)		
		800	1000	1200
工　长	工时	172.0	228.5	296.7
高 级 工	工时	1462.1	1941.7	2522.4
中 级 工	工时	1505.0	1998.8	2596.5
初 级 工	工时	1161.0	1541.9	2003.0
合　计	工时	4300.1	5710.9	7418.6
预应力钢筒混凝土管	m	(1000)	(1000)	(1000)
橡胶止水圈	个	210.00	210.00	210.00
润 滑 油	kg	32.48	40.12	47.76
电 焊 条	kg	14.35	19.82	21.42
水泥砂浆	m^3	1.70	1.86	2.84
其他材料费	%	8	8	8
汽车起重机　8t	台时	92.40		
汽车起重机　16t	台时		117.60	
汽车起重机　20t	台时			130.20
卷 扬 机　双筒慢速 5t	台时	72.79	94.20	115.61
试 压 泵　2.5MPa	台时	20.48	34.13	34.13
直流电焊机　20kW	台时	9.60	13.26	14.33
其他机械费	%	5	5	5
编　号		GB9023	GB9024	GB9025

注：公称直径 800～1800mm 的预应力钢筒混凝土管道采用充水试压；公称直径 2000～4000mm的预应力钢筒混凝土管道采用双橡胶止水圈试压。

续表

项目		单位	公称直径(mm)		
			1400	1600	1800
工长		工时	365.3	434.4	517.8
高级工		工时	3105.1	3692.0	4400.9
中级工		工时	3196.4	3800.7	4530.2
初级工		工时	2465.8	2932.0	3494.8
合计		工时	9132.6	10859.1	12943.7
预应力钢筒混凝土管		m	(1000)	(1000)	(1000)
橡胶止水圈		个	210.00	210.00	210.00
润滑油		kg	57.30	64.94	72.58
电焊条		kg	21.85	31.27	35.13
水泥砂浆		m^3	4.79	5.41	6.49
其他材料费		%	8	8	8
汽车起重机	30t	台时	147.00	159.60	
汽车起重机	40t	台时			172.20
卷扬机	双筒慢速 5t	台时	137.01	158.41	179.82
试压泵	2.5MPa	台时	34.13	47.78	47.78
直流电焊机	20kW	台时	14.62	20.93	23.51
其他机械费		%	5	5	5
编号			GB9026	GB9027	GB9028

续表

项　　目	单位	公称直径(mm)		
		2000	2400	2800
工　长	工时	482.9	601.8	732.1
高 级 工	工时	4104.0	5115.2	6223.0
中 级 工	工时	4224.8	5265.6	6406.0
初 级 工	工时	3259.0	4062.0	4941.7
合　计	工时	12070.7	15044.6	18302.8
预应力钢筒混凝土管	m	(1000)	(1000)	(1000)
橡胶止水圈	个	420.00	420.00	420.00
润 滑 油	kg	81.79	96.41	110.71
水 泥 砂 浆	m^3	7.66	10.28	14.71
其他材料费	%	7	7	7
汽车起重机　50t	台时	185.90		
汽车起重机　70t	台时		209.13	
汽车起重机　90t	台时			231.86
卷 扬 机　双筒慢速 10t	台时	198.57	238.41	277.41
其他机械费	%	5	5	5
编　　号		GB9029	GB9030	GB9031

续表

项目	单位	公称直径(mm)		
		3200	3600	4000
工　长	工时	855.3	1039.2	1211.7
高级工	工时	7270.3	8833.1	10299.4
中级工	工时	7484.1	9092.9	10602.3
初级工	工时	5773.5	7014.5	8178.9
合　计	工时	21383.2	25979.7	30292.3
预应力钢筒混凝土管	m	(1000)	(1000)	(1000)
橡胶止水圈	个	420.00	525.00	525.00
润滑油	kg	124.69	141.25	158.12
水泥砂浆	m^3	18.46	28.37	36.47
其他材料费	%	7	7	7
汽车起重机　100t	台时	254.09		
汽车起重机　110t	台时		351.93	
汽车起重机　130t	台时			386.89
卷扬机　双筒慢速 10t	台时	315.56	360.22	405.72
其他机械费	%	5	5	5
编　号		GB9032	GB9033	GB9034

九－4　玻璃钢管管道铺设

适用范围:玻璃钢管承插连接,埋地铺设。

工作内容:检查及清扫管材、管道安装、上胶圈、对口、调直;管件、阀门安装;阀门井砌筑;管道试压等。

单位:1km

项目		单位	公称直径(mm)			
			500	600	700	800
工长		工时	107.1	126.5	145.3	163.8
高级工		工时	910.2	1074.9	1235.4	1391.6
中级工		工时	937.0	1106.5	1271.7	1432.5
初级工		工时	722.9	853.6	981.1	1105.1
合计		工时	2677.2	3161.5	3633.5	4093.0
玻璃钢管		m	(1000)	(1000)	(1000)	(1000)
橡胶止水圈		个	175.00	175.00	175.00	175.00
润滑油		kg	11.60	13.54	15.44	17.29
其他材料费		%	9	9	9	9
汽车起重机	5t	台时	25.14	31.23	37.32	43.41
卷扬机	双筒慢速 5t	台时	16.34	22.11	28.07	34.19
其他机械费		%	7	7	7	7
编号			GB9035	GB9036	GB9037	GB9038

续表

项目		单位	公称直径(mm)		
			900	1000	1200
工长		工时	181.6	199.0	235.3
高级工		工时	1543.7	1691.4	2000.0
中级工		工时	1589.0	1741.1	2058.8
初级工		工时	1225.8	1343.2	1588.2
合计		工时	4540.1	4974.7	5882.3
玻璃钢管		m	(1000)	(1000)	(1000)
橡胶止水圈		个	175.00	175.00	175.00
润滑油		kg	19.10	20.87	24.55
其他材料费		%	9	8	8
汽车起重机	5t	台时	49.50		
汽车起重机	8t	台时		56.11	
汽车起重机	12t	台时			63.25
卷扬机	双筒慢速 5t	台时	43.37	46.92	51.28
其他机械费		%	7	6	6
编号			GB9039	GB9040	GB9041

续表

项　　目		单位	公称直径(mm)		
			1400	1600	1800
工　长		工时	270.6	304.9	338.3
高 级 工		工时	2300.0	2591.6	2874.7
中 级 工		工时	2367.7	2667.8	2959.3
初 级 工		工时	1826.5	2058.0	2282.9
合　计		工时	6764.8	7622.3	8455.2
玻璃钢管		m	(1000)	(1000)	(1000)
橡胶止水圈		个	175.00	175.00	175.00
润 滑 油		kg	28.15	31.66	35.08
其他材料费		%	8	8	8
汽车起重机	12t	台时	70.60		
汽车起重机	16t	台时		79.60	87.98
卷 扬 机	双筒慢速 5t	台时	55.81	60.50	68.63
其他机械费		%	6	6	6
编　　号			GB9042	GB9043	GB9044

九－5 顶 管

(1)坑内平台安拆

工作内容:安拆人工操作平台及千斤顶平台、清理现场等。

单位:1次

项目		单位	公称直径(mm)		
			800～1200	1400～1800	2000～2400
工长		工时	3.5	5.5	6.9
高级工		工时	29.4	46.7	58.9
中级工		工时	30.3	48.0	60.6
初级工		工时	23.4	37.0	46.8
合计		工时	86.6	137.2	173.2
钢板		kg	151.98	151.98	207.06
枕木		m^3	0.19	0.26	0.35
碎石	20mm	m^3	1.54	1.54	2.09
扒钉		kg	0.48	0.95	1.43
型钢		kg	122.40	173.40	204.00
其他材料费		%	8	8	8
汽车起重机	8t	台时	4.12	7.31	
汽车起重机	12t	台时			9.37
载重汽车	8t	台时	4.12	7.31	
载重汽车	10t	台时			9.37
其他机械费		%	10	10	10
编号			GB9045	GB9046	GB9047

(2)混凝土管挖土顶进

工作内容：下管、固定胀圈，安、拆、换顶铁，挖、运、吊土，顶进，泥浆减阻，纠偏；调制接缝材料，填、抹管口等。

单位：10m

项目		单位	公称直径(mm)		
			800	1000	1200
工长		工时	13.4	14.0	14.8
高级工		工时	113.4	119.1	125.7
中级工		工时	116.7	122.6	129.4
初级工		工时	90.0	94.6	99.8
合计		工时	333.5	350.3	369.7
加强钢筋混凝土管		m	(10.05)	(10.05)	(10.05)
膨润土		kg	263.16	330.48	396.27
碱粉		kg	9.12	11.45	13.74
外加剂	CMC	kg	8.07	10.14	12.15
水		m^3	1.75	2.20	2.64
橡胶板	12mm	kg	24.80	37.37	52.48
其他材料费		%	15	15	15
汽车起重机	8t	台时	7.69		
汽车起重机	16t	台时		9.16	10.25
卷扬机	双筒慢速 3t	台时	15.41	17.74	18.98
高压油泵	50MPa	台时	23.12	26.61	28.47
顶管设备	人工挖土 Φ1200	台时	23.12	26.61	28.47
液压千斤顶	200t	台时	46.24	53.22	56.94
泥浆搅拌机		台时	10.02	12.03	13.61
灌浆泵	中低压泥浆	台时	10.02	12.03	13.61
其他机械费		%	8	8	8
编号			GB9048	GB9049	GB9050

续表

项目		单位	公称直径(mm)		
			1400	1600	1800
工长		工时	16.1	17.2	18.7
高级工		工时	136.2	146.7	159.0
中级工		工时	140.2	150.9	163.7
初级工		工时	108.2	116.4	126.3
合计		工时	400.7	431.2	467.7
加强钢筋混凝土管		m	(10.05)	(10.05)	(10.05)
膨润土		kg	457.47	693.09	774.18
碱粉		kg	15.86	24.03	26.84
外加剂	CMC	kg	14.03	21.26	23.75
水		m^3	3.05	4.62	5.16
橡胶板	12mm	kg	70.13	90.31	113.03
其他材料费		%	15	15	15
汽车起重机	20t	台时	10.84		
汽车起重机	25t	台时		14.53	
汽车起重机	30t	台时			15.20
卷扬机	双筒慢速 3t	台时	21.00	24.29	25.14
高压油泵	50MPa	台时	31.50	36.43	37.71
顶管设备	人工挖土 Φ1650	台时	31.50	36.43	
顶管设备	人工挖土 Φ2000	台时			37.71
液压千斤顶	200t	台时	63.00	72.86	75.42
泥浆搅拌机		台时	15.25	17.70	19.91
灌浆泵	中低压泥浆	台时	15.25	17.70	19.91
其他机械费		%	8	8	8
编号			GB9051	GB9052	GB9053

(3)钢管挖土顶进

工作内容:安折顶管设备,下管、切口、焊口,安、折、换顶铁,挖、运、吊土,顶进,泥浆减阻,纠偏。

单位:10m

项目		单位	公称直径(mm)			
			800	900	1000	1200
工长		工时	8.8	9.2	9.5	11.2
高级工		工时	74.3	78.1	80.9	95.6
中级工		工时	76.4	80.4	83.2	98.4
初级工		工时	58.9	62.0	64.2	75.9
合计		工时	218.4	229.7	237.8	281.1
钢管		m	(10.05)	(10.05)	(10.05)	(10.05)
膨润土		kg	263.16	295.34	330.48	396.27
碱粉		kg	9.12	10.24	11.45	13.74
外加剂	CMC	kg	8.07	9.06	10.14	12.15
水		m^3	1.75	1.97	2.20	2.64
电焊条		kg	11.22	20.20	22.44	26.93
氧气		m^3	2.50	2.81	3.11	3.49
乙炔气		m^3	0.71	0.80	0.88	0.99
其他材料费		%	10	10	10	10
汽车起重机	8t	台时	7.69	9.16	9.70	10.25
卷扬机	双筒慢速 3t	台时	12.52	13.69	14.41	15.41
高压油泵	50MPa	台时	18.77	20.54	21.61	23.12
顶管设备	人工挖土 Φ1200	台时	18.77	20.54	21.61	23.12
液压千斤顶	200t	台时	37.55	41.08	43.22	46.24
电焊机	30kW	台时	17.72	19.49	28.22	35.03
泥浆搅拌机		台时	10.02	11.03	12.03	13.61
灌浆泵	中低压泥浆	台时	10.02	11.03	12.03	13.61
其他机械费		%	8	8	8	8
编号			GB9054	GB9055	GB9056	GB9057

续表

项目		单位	公称直径(mm)		
			1400	1600	1800
工长		工时	13.8	15.7	18.1
高级工		工时	117.1	133.2	153.9
中级工		工时	120.5	137.1	158.4
初级工		工时	93.0	105.8	122.3
合计		工时	344.4	391.8	452.7
钢管		m	(10.05)	(10.05)	(10.05)
膨润土		kg	457.47	693.09	774.18
碱粉		kg	15.86	24.03	26.84
外加剂	CMC	kg	14.03	21.26	23.75
水		m^3	3.05	4.62	5.16
电焊条		kg	33.66	37.03	50.49
氧气		m^3	4.46	5.09	6.40
乙炔气		m^3	1.27	1.45	1.82
其他材料费		%	10	10	10
汽车起重机	8t	台时	11.26		
汽车起重机	16t	台时		14.11	15.20
卷扬机	双筒慢速 3t	台时	17.05	19.70	20.41
高压油泵	50MPa	台时	25.58	29.55	30.62
顶管设备	人工挖土 Φ1650	台时	25.58		
顶管设备	人工挖土 Φ2000	台时		29.55	30.62
液压千斤顶	200t	台时	51.16	59.16	61.24
电焊机	30kW	台时	47.96	54.85	72.28
泥浆搅拌机		台时	15.25	17.70	19.91
灌浆泵	中低压泥浆	台时	15.25	17.70	19.91
其他机械费		%	8	8	8
编号			GB9058	GB9059	GB9060

续表

项　　目		单位	公称直径(mm)		
			2000	2200	2400
工　　长		工时	20.3	22.5	24.9
高 级 工		工时	172.3	190.9	211.9
中 级 工		工时	177.5	196.5	218.1
初 级 工		工时	136.9	151.6	168.2
合　　计		工时	507.0	561.5	623.1
钢　　管		m	(10.05)	(10.05)	(10.05)
膨 润 土		kg	858.33	939.42	1028.16
碱　　粉		kg	29.75	32.57	35.64
外 加 剂	CMC	kg	26.33	28.80	31.53
水		m^3	5.72	6.26	6.85
电 焊 条		kg	56.10	63.95	84.15
氧　　气		m^3	7.14	7.68	9.74
乙 炔 气		m^3	2.03	2.18	2.76
其他材料费		%	10	10	10
汽车起重机	16t	台时	16.55	19.87	23.35
卷 扬 机	双筒慢速 3t	台时	21.75	22.89	23.65
高压油泵	50MPa	台时	32.63	34.34	35.47
顶管设备	人工挖土 Φ2000	台时	32.63		
顶管设备	人工挖土 Φ2460	台时		34.34	35.47
液压千斤顶	200t	台时	65.27	68.67	70.94
电 焊 机	30kW	台时	80.51	87.70	96.60
泥浆搅拌机		台时	23.06	27.72	32.82
灌 浆 泵	中低压泥浆	台时	23.06	27.72	32.82
其他机械费		%	8	8	8
编　　号			GB9061	GB9062	GB9063

九－6 复合柔毡铺设——热焊连接

适用范围:渠道、土石坝、围堰防渗。

工作内容:场内运输,铺设,焊接。

单位:100m²

项目	单位	平铺	斜铺			
			边坡			
			1:2.5	1:2.0	1:1.5	1:1.0
工长	工时	1	1	1	1	1
高级工	工时					
中级工	工时	3	4	5	5	6
初级工	工时	14	15	16	18	23
合计	工时	18	20	22	24	30
复合柔毡	m^2	105	115	120	125	130
其他材料费	%	4	4	4	4	4
编号		GB9064	GB9065	GB9066	GB9067	GB9068

九－7 土工膜铺设——热焊连接

适用范围：土石堰体防渗。斜铺边坡为1:3～1:1.5。

工作内容：场内运输，铺设，膜焊，布缝。

单位：$100m^2$

项目	单位	平铺	斜铺
工长	工时	0.4	0.5
高级工	工时		
中级工	工时	3.6	4.7
初级工	工时	9.5	12.4
合计	工时	13.5	17.6
复合土工膜	m^2	106	106
其他材料费	%	4	4
热焊机 双汉ZPR－210型	台时	0.54	0.54
土工布缝边机	台时	0.30	0.30
编号		GB9069	GB9070

水利工程修改定额

水利工程修改定额汇总表

序号	章节	名　称	页码	定额编号	修改内容
一		**水利建筑工程预算定额**			
	第四章	混凝土工程			
	四－22	预制渡槽槽身	275	40102	人工乘 0.8 系数
	四－23	预制混凝土拱、拱波、横系梁及排架	277	40107	中级工:2480.5,改为 2386.5 工时 合　计:4961.0,改为 4867.0 工时 预埋铁件:5600,改为 4100kg
	四－26	缆索吊装预制混凝土槽身、排架、拱肋、梁	281	40119	简易缆索机 40t:32.0,改为 24.0 台时
	第五章	模板工程			
	五－2	普通标准钢模板	328	50004	工　长:17.0, 改为 14.2 工时 高级工:82.7, 改为 48.0 工时 中级工:119.6,改为 81.2 工时 初级工: 0, 改为 38.6 工时 合　计:219.3,改为 182.0 工时 汽车起重机 5t:14.17,改为 8.50 台时 注 2 改为:用于混凝土柱、梁、板时,“安装、拆除”材料不计混凝土柱,预埋铁件由 121.68kg 改为 28.68kg;“安装、拆除”人工乘 1.25 系数。

续表

序号	章节	名　　称	页码	定额编号	修改内容
	五－10	牛腿模板	340	50044	预埋铁件:6313.80,改为 3271.40kg 电焊条:51.3,改为 27.50kg 电焊机:48.67,改为 26.1 台时
	五－22	明渠衬砌模板 (1)制作	358	50112	工　长:0, 改为 0.4 工时 高级工:0, 改为 1.3 工时 中级工:2.0,改为 3.3 工时 初级工:0,改为 1.2 工时 合　计:2.0,改为 6.2 工时 型　钢:13,改为 28.07kg 电焊条:0.29,改为 0.62kg 型钢剪断机:0.02,改为 0.06 台时 电焊机:0.30,改为 0.72 台时
	五－22	明渠衬砌模板 (2)安装、拆除	359	50115	工　长:0, 改为 6.0 工时 高级工:0, 改为 13.6 工时 中级工:13.0,改为 24.3 工时 初级工:13.0,改为 12.1 工时 合　计:26.0,改为 56.0 工时 汽车起重机:0,改为 0.8 台时 卷扬机 3t:0,改为 19.48 台时 其他机械费:0,改为 5%

续表

序号	章节	名　　称	页码	定额编号	修改内容
	第六章	砂石备料工程			
	六－14	制碎石	395	60119～60120	机械定额乘 0.75 系数
	六－14	制碎石	395～396	60121～60126	机械定额乘 0.8 系数
	六－14	制碎石	396	60127～60129	机械定额乘 0.9 系数
	六－15	制砂	397～400	60130～60140	机械定额乘 0.75 系数
	六－16	制碎石和砂	401～404	60141～60154	机械定额乘 0.75 系数
	六－16	制碎石和砂	404～405	60155～60160	机械定额乘 0.85 系数
	第八章	疏浚工程			
	八－1	绞吸式挖泥船			
	(1)、(2)	60、80m^3/h 绞吸式挖泥船	582～594	80001～80082	每增排 0.1km,人工和绞吸式挖泥船定额乘下列系数: 土 1.08;中、粗砂 1.09。 最大增排距离,不超过原船型最大排距。
	(3)、(4)	100、120m^3/h 绞吸式挖泥船	595～610	80083～80188	每增排 0.1km,人工和绞吸式挖泥船定额乘下列系数: 土 1.06;中、粗砂 1.07。 最大增排距离,不超过原船型最大排距。
	(5)	200m^3/h 绞吸式挖泥船	611～620	80189～80271	每增排 0.1km,人工和绞吸式挖泥船定额乘下列系数: 土 1.04;中、粗砂 1.05。 最大增排距离,不超过原船型最大排距。

续表

序号	章节	名　　称	页码	定额编号	修改内容
	(6)～(8)	350、400、500m^3/h 绞吸式挖泥船	621～650	80272～80478	每增排 0.1km,人工和绞吸式挖泥船定额乘下列系数: 土 1.03;中、粗砂 1.04。 最大增排距离,不超过原船型最大排距。
	第九章	其他工程			
	九－1	袋装土石围堰	808	90001～90006	人工定额乘 0.7 系数
二		**水利建筑工程概算定额**			
	第三章	土石填筑工程			
		说明	257	倒 2 行	人工、机械定额乘 0.8 系数,改为人工、机械定额乘 0.6～0.8 系数
	第四章	混凝土工程			
	四－10	底板	298	倒 1 行	注改为: 1. 当溢流堰堰高＞4m 时,采用四－1 节常态混凝土坝(堰)体定额; 2. 非岩石地基混凝土量均改为 106m^3,风水枪均改为 2.00 台时,用水量乘以 0.7 系数。
	四－19	渡槽槽身预制及安装	309	40101	人工定额乘 0.85 系数 混凝土:104,改为 102m^3 起重机 40t:33.60,改为 25.20 台时 其他机械费:10%,改为 2%

续表

序号	章节	名　　称	页码	定额编号	修改内容
	四－19	渡槽槽身预制及安装	309	40102	混凝土:104,改为 102m^3 起重机 40t:33.60,改为 25.20 台时 其他机械费:10%,改为 2%
	四－20	混凝土拱、排架预制及安装	310	40106	中级工:4375.6,改为 4278.8 工时 初级工:1723.3,改为 1686.2 工时 合　计:7991.7,改为 7857.8 工时 铁　件:5780,改为 4182kg
	第五章	模板工程			
	五－1	普通模板	349	50001	工　长:17.5,改为 14.6 工时 高级工:85.2,改为 49.5 工时 中级工:123.2,改为 83.7 工时 初级工:0,改为 39.8 工时 合　计:225.9,改为 187.6 工时 汽车起重机 5t:14.6,改为 8.75 台时
	五－1	普通模板	349	50002	工　长:21.9,改为 18.3 工时 高级工:106.5,改为 61.8 工时 中级工:154.0,改为 104.6 工时 初级工:0,改为 49.7 工时 合　计:282.4,改为 234.4 工时 铁　件:0,改为 30kg 汽车起重机 5t:14.6,改为 8.75 台时

续表

序号	章节	名称	页码	定额编号	修改内容
	五－5	异形模板	353	50022	铁　件:6440,改为3336kg 电焊条:52.3,改为28.0kg 电焊机25kVA:50.13,改为26.87台时
	五－10	渠道模板	361	50049	工　长:0, 改为6.2工时 高级工:0, 改为14.0工时 中级工:13.4,改为25.0工时 初级工:13.4,改为12.5工时 合　计:26.8,改为57.7工时 汽车起重机5t:0,改为0.83台时 卷扬机3t:0,改为20.06台时 其他机械费:0,改为5%
	五－21	渠道模板制作	375	50100	工　长:0, 改为0.4工时 高级工:0, 改为1.3工时 中级工:2.1,改为3.4工时 初级工:0,改为1.3工时 合　计:2.1,改为6.4工时 型　钢:13,改为28.63kg 电焊条:0.3,改为0.63kg 型钢剪断机13kW:0.03,改为0.06台时 电焊机25kVA:0.31,改为0.74台时

续表

序号	章节	名称	页码	定额编号	修改内容
	第六章	砂石备料工程			
	六-14	制碎石	404	60114~60115	机械定额乘 0.75 系数
	六-14	制碎石	404~405	60116~60121	机械定额乘 0.8 系数
	六-14	制碎石	405	60122~60124	机械定额乘 0.9 系数
	六-15	制砂	406~409	60125~60135	机械定额乘 0.75 系数
	六-16	制碎石和砂	410~413	60136~60149	机械定额乘 0.75 系数
	六-16	制碎石和砂	414~415	60150~60155	机械定额乘 0.85 系数
	第八章	疏浚工程			
	八-1	绞吸式挖泥船			
	(1)、(2)	60、80m^3/h 绞吸式挖泥船	579~588	80001~80082	每增排 0.1km,人工、绞吸式挖泥船和岸管定额乘下列系数: 土 1.08;中、粗砂 1.09。 最大增排距离,不超过原船型最大排距。
	(3)、(4)	100、120m^3/h 绞吸式挖泥船	589~598	80083~80188	每增排 0.1km,人工、绞吸式挖泥船和岸管定额乘下列系数: 土 1.06;中、粗砂 1.07。 最大增排距离,不超过原船型最大排距。

续表

序号	章节	名　称	页码	定额编号	修改内容
	(5)	200m³/h 绞吸式挖泥船	599～608	80189～80271	每增排 0.1km,人工、绞吸式挖泥船和岸管定额乘下列系数: 土 1.04;中、粗砂 1.05。 最大增排距离,不超过原船型最大排距。
	(6)～(8)	350、400、500m³/h 绞吸式挖泥船	609～629	80272～80478	每增排 0.1km,人工、绞吸式挖泥船和岸管定额乘下列系数: 土 1.03;中、粗砂 1.04。 最大增排距离,不超过原船型最大排距。
	第九章	其他工程			
	九－1	袋装土石围堰	756	90001～90006	人工定额乘 0.7 系数
三		**水利工程施工机械台时费定额**			
		刨毛机	18	1094	见附表
		针梁模板台车	39	2086～2090	见附表
		钢模台车	39～40	2091～2097	见附表

附表　水利工程施工机械台时费定额

	项目	单位	刨毛机	针梁模板台车				
				衬砌后洞径(m)				
				4	6	8	10	12
(一)	折旧费	元	5.07	77.36	128.99	187.61	254.07	328.32
	修理及替换设备费	元	5.62	16.25	27.09	39.40	53.35	68.95
	安装拆卸费	元	0.22					
	小　计	元	10.91	93.61	156.08	227.01	307.42	397.27
(二)	人　工	工时	2.4	3.0	3.0	3.0	3.0	3.0
	汽　油	kg						
	柴　油	kg	7.4					
	电	kW·h		5.7	7.4	9.0	10.6	12.1
	风	m^3						
	水	m^3						
	煤	kg						
备　注				含动力设备※				
编　号			1094	2086	2087	2088	2089	2090

附表(续)

项目		单位	钢模台车						
			衬砌后断面面积(m^2)						
			10	20	40	70	110	150	200
(一)	折旧费	元	40.47	61.53	95.73	139.28	191.03	239.01	295.75
	修理及替换设备费	元	8.50	12.92	20.10	29.25	40.12	50.19	62.11
	安装拆卸费	元							
	小计	元	48.97	74.45	115.83	168.53	231.15	289.20	357.86
(二)	人工	工时	3.0	3.0	3.0	3.0	3.0	3.0	3.0
	汽油	kg							
	柴油	kg							
	电	kW·h	4.7	5.9	7.5	9.0	10.6	11.8	13.1
	风	m^3							
	水	m^3							
	煤	kg							
备注				含动力设备※					
编号			2091	2092	2093	2094	2095	2096	2097

水利工程补充施工机械台时费定额

项目		单位	液压抓斗 KH180MHL-800	单头搅拌桩机	双头搅拌桩机	多头搅拌桩机 BJS-15B
(一)	折旧费	元	155.23	12.23	19.03	33.98
	修理及替换设备费	元	86.25	11.38	16.78	25.17
	安装拆卸费	元				
	小计	元	241.48	23.61	35.81	59.15
(二)	人工	工时	2.9	2.9	3.8	3.8
	汽油	kg				
	柴油	kg	27.7			
	电	kW·h		35.0	46.7	42.8
	风	m^3				
	水	m^3				
	煤	kg				
备注			※	※	※	※
编号			PB001	PB002	PB003	PB004

注:振动沉模设备为组时,每组含一台步履式振动沉拔桩机 DJB25-570kN 和一套沉模板。

多头搅拌桩机 ZCJ－25	振动沉模设备（每组）	柱塞水泵 10kW	顶管设备 人工挖土 Φ1200	顶管设备 人工挖土 Φ1650
95.13	94.00	1.37	1.78	2.09
41.73	79.74	1.96	1.92	2.24
		0.26	0.17	0.17
136.86	173.74	3.59	3.87	4.50
3.8	2.9	1.3		
85.6	70.0	7.8	23.3	34.2
※	※			
PB005	PB006	PB007	PB008	PB009

项目		单位	顶管设备人工挖土Φ2000	顶管设备人工挖土Φ2460	高压油泵50MPa	顶管液压千斤顶200t	试压泵2.5MPa
(一)	折旧费	元	2.31	2.51	0.50	0.57	0.43
	修理及替换设备费	元	2.49	2.69	0.49	0.82	0.39
	安装拆卸费	元	0.17	0.17	0.17	0.17	0.26
	小计	元	4.97	5.37	1.16	1.56	1.08
(二)	人工	工时			1.30		1.30
	汽油	kg					
	柴油	kg					
	电	kW·h	46.7	46.7	17.1		1.5
	风	m^3					
	水	m^3					
	煤	kg					
备注							
编号			PB010	PB011	PB012	PB013	PB014

续表

土工膜热焊机			
瑞士 LEISTER COMET 热楔式自动爬行 塑料焊接机	双汉 ZPR—210 型 或改进型自动 爬行热焊机	TH－I 型双驱动 自行式土工 膜焊接机	土工布缝边机
1.2kW	1.0kW	1.0kW	0.1kW
7.84 4.04 11.88	2.24 1.16 3.40	2.24 1.16 3.40	0.06 0.03 0.09
1.3 0.8	1.3 0.7	1.3 0.7	1.3 0.1
PB015	PB016	PB017	PB018

附　录

附录 1　混凝土(概算)定额使用范围的说明

序号	项目名称	说　　明
1	四－1 常态混凝土坝(堰)体	仅指坝(堰)体本身混凝土。不包括溢流面、发电厂、胸墙、导水墙、工作桥、公路桥、消力池、护坦、海漫等。
2	四－2 碾压混凝土坝(堰)体	坝(堰)体本身混凝土。
3	四－3 厂房	指上、下部位混凝土构筑物浇筑。进、出水口混凝土及进水塔混凝土参照河床式厂房进、出口上部定额。
4	四－4 泵站	抽水站、扬水站上、中、下部位浇筑。
5	四－5 溢洪道	包括溢流堰、胸墙、闸墩、底板、边墙、导水墙、工作桥、挑流坎等。
6	四－6 地下厂房衬砌	地下厂房及坝内式厂房的顶拱及边墙衬砌。
7	四－7 平洞衬砌	圆形、马蹄形、直墙圆拱形等各式平洞。
8	四－8 竖井衬砌	竖井及调压井。
9	四－9 溢流面及面板	面板:堆石坝、砂砾石坝、岸坡等的防渗面板。溢流面:溢流坝段的溢流面。
10	四－10 底板	包括溢流堰、护坦、铺盖、阻滑板、闸底板、趾板、消力池底板、消力坎等。
11	四－11 渠道	明渠:岩基上的引水、泄水、灌溉渠道及隧洞进出口明挖段的边坡、底板、槽形整体。 暗渠:直墙圆拱形暗渠、矩形暗渠,涵洞、排水廊道、箱涵等。

续表

序号	项目名称	说　　明
12	四－12 墩	水闸闸墩、溢洪道闸墩、桥墩、靠船墩、渡槽墩、镇支墩、拱座等。
13	四－13 墙	坝体内截水墙、齿墙、心墙、斜墙、挡土墙、板桩墙、导水墙、防浪墙、胸墙、地面板式直墙、消力池墙、圬工砌体外包混凝土。
14	四－14 渡槽槽身	各种混凝土渡槽槽身。
15	四－15 拱排架	渡槽、桥梁。
16	四－16 混凝土管	圆形倒虹吸管、压力管道及各种现浇线型涵管。
17	四－17 回填混凝土	隧洞回填:施工支洞封堵及塌方回填混凝土、封堵混凝土。 露天回填:露天各部位回填混凝土。 腹腔回填:箱形拱填腹及一般填腹。
18	四－18 其他混凝土	基础:排架基础、一般设备基础、混凝土垫层、地坪等。 护坡框格:堤、坝、河岸等护坡的混凝土框格、路缘石、压顶等。 小体积混凝土:各类小体积混凝土,如桥的梁、板、柱等。
19	四－19 渡槽槽身预制及安装	各型混凝土渡槽。
20	四－20 混凝土拱、排架预制及安装	渡槽、桥梁或变电站等。
21	四－21 混凝土板预制及砌筑	渠道护坡、护底。
22	四－22 混凝土管安装	露天铺设的泵站出水管、倒虹吸管及其他低压输水管。

附录2　水利工程系列定额勘误

序号	章节	名　　称	页码	位置	错　误	更　　正
一		**水利建筑工程预算定额**				
	第一章	土方工程				
	一－21	2.75m^3 铲运机铲运土	49	倒2行	推土机74kW	推土机55kW
	一－22	8m^3 铲运机铲运土	52	倒2行	推土机74kW	推土机59kW
	一－23	12m^3 自行式铲运机铲运土	54	倒2行	推土机74kW	推土机59kW
	第二章	石方工程				
	二－51	隧洞钢支撑	215	倒0行	缺少注	注:1. 本定额型钢、钢材是按一次使用量拟定的,编制预算时应按周转摊销和残值回收确定预算量。 2. 如不拆除,定额人工乘0.7系数。
			215	倒3行	电焊机	电焊机25kVA
	二－52	隧洞木支撑	216	倒0行	缺少注	注:1. 本定额圆木、锯材是按一次使用量拟定的,编制预算时应按周转摊销和残值回收确定预算量。 2. 如不拆除,定额人工乘0.7系数。

续表

序号	章节	名　称	页码	位置	错　误	更　正
	第三章	砌石工程				
	三－11	浆砌混凝土预制块	233	正3行	单位：$100m^2$	单位：$100m^3$
	第四章	混凝土工程				
	四－43	挖掘机吊运混凝土、块石	299	正1行	挖掘机吊运混凝土、块石	履带机吊运混凝土、块石
				正2行	挖掘机……	履带机……
				倒5行	挖掘机 $4m^3$	履带起重机25t
	第六章	砂石备料工程				
		说明	368	正7行	……该定额应作相应调整。	该定额不作调整。
	第七章	钻孔灌浆及锚固工程				
	七－9	回填灌浆	469	正5行	……灌浆、封孔、检查孔钻孔、压浆检查等。	……灌浆、封孔等。
	七－16	坝基砂砾石帷幕灌浆	478	正3行	……封孔、检查孔钻孔及灌浆、孔位转移。	……封孔、孔位转移。
	七－17	灌注孔口管	479	正3行	工作内容：……打孔……	工作内容：……扫孔……
	七－22	混凝土防渗墙浇筑	498	正5行	$K_1=1+\pi D/4L_1$	$K_1=1+\pi D/4L$
	七－24	振冲碎石桩　(2)孔深≤20m	501	倒4行	污水泵7.5kW	污水泵4kW

续表

序号	章节	名　称	页码	位置	错　误	更　正
	七-32	水位观测孔工程	511	倒1行	注:本节……钻孔请选用七-1节定额……	注:本节……钻孔请选用七-1节定额,其中人工、钻机乘1.50系数……
	第八章	疏浚工程				
		说明	578	倒7行	按浮筒管中心长度乘以1.4的系数。	按浮筒管进出口直线距离乘以1.4系数。
	八-6	(1)绞吸式挖泥船及吹泥船排泥管安装拆除	802	正5行	单位:100m管长	单位:100m管长·次
	第九章	其他工程				
	九-7	公路路面	815	倒9行	“沥青碎石”子目中,石屑数量0	“沥青碎石”子目中,石屑数量为0.64
	九-9	桥梁	817	正6行	单位:1km	单位:1m
	附录					
		附录3	852~857	正2行	净占时间	净钻时间
		附录11	892	倒2行	输冰胶带机	胶带输送机
		附录11	893	倒3、4行	输冰胶带机	胶带输送机
二		**水利建筑工程概算定额**				
	第一章	土方开挖工程				

续表

序号	章节	名　称	页码	位置	错　误	更　正
	一－28	人工挖土方自卸汽车运输	57、58		(1)Ⅰ～Ⅱ类土、(3)Ⅳ类土自卸汽车定额数量与(2)Ⅲ类土不同	(1)Ⅰ～Ⅱ类土、(3)Ⅳ类土自卸汽车定额数量，改为与(2)Ⅲ类土相同
	一－29	人工挖土方载重汽车运输	58、59		(1)Ⅰ～Ⅱ类土、(3)Ⅳ类土载重汽车定额数量与(2)Ⅲ类土不同	(1)Ⅰ～Ⅱ类土、(3)Ⅳ类土载重汽车定额数量，改为与(2)Ⅲ类土相同
	一－34	$8m^3$ 铲运机铲运土	67	倒 2 行	推土机 55kW	推土机 59kW
	一－34	$8m^3$ 铲运机铲运土	68	正 13 行	推土机 55kW	推土机 59kW
	一－34	$8m^3$ 铲运机铲运土	68	倒 2 行	推土机 55kW	推土机 59kW
	一－35	$12m^3$ 自行式铲运机铲运土	69	正 15 行	推土机 55kW	推土机 59kW
	一－35	$12m^3$ 自行式铲运机铲运土	69	倒 2 行	推土机 55kW	推土机 59kW
	一－35	$12m^3$ 自行式铲运机铲运土	70	正 12 行	推土机 55kW	推土机 59kW
	一－52	胶带机运土	117	倒 2、3、4、5 行	台时	组时
	第二章	石方开挖工程				
	二－30	平洞石渣运输：(2)通过斜井提升出渣	233	正 18 行	注：绞车按井深……	注：1. 绞车按井深…… 2. $1.0m^3$ 斗车和 $3.5m^3$ 矿车任选一种。

续表

序号	章节	名　称	页码	位置	错　误	更　正
	第三章	土石填筑工程				
	三－19	土石坝物料压实　(1)自料场直接运输上坝①土料	274	倒2行	注：1．一般土料压实……	注:1．堤防土料填筑及一般土料压实……
	三－19	土石坝物料压实　(2)自成品供料场运输上坝	276	倒10行	30087＃和30090＃定额中的碎(卵)石,$77m^3$	$78m^3$
	第四章	混凝土工程				
	四－2	碾压混凝土坝(堰)体 (1)RCC工法	285	倒1行	注:本定额是碾压混凝土与变态混凝土的综合定额。	注:本定额是碾压混凝土与变态混凝土的综合定额。用于碾压围堰混凝土时,人工、机械定额乘0.90系数。
	四－2	碾压混凝土坝(堰)体 (2)RCD工法	286	正12行	铁板　1.5mm　kg	铁板　1.5mm　t
				正13行	角铁　50×50　kg	角铁　50×50　t
				正14行	钢筋　kg	钢筋　t
	四－3	厂房	287	倒2行	……下部定额,人工定额乘以1.25系数;……	……下部定额,但地下厂房人工定额乘以1.25系数……

续表

序号	章节	名　称	页码	位置	错　误	更　正
	四－11	渠道　(1)明渠	299	正3行	适用范围：引水、泄水……边坡、底板，土基上的槽形整体。	适用范围：岩基上的引水、泄水……边坡、底板、槽形整体
				倒1行	注：土基上的……	取消“注：土基上的……”
	四－44	胶带机运混凝土	333	倒2行	台时	组时
	四－50	履带机吊运混凝土	337	正12行	履带起重机	履带起重机　25t
				正16行	2. 履带起重机可采用……	取消注2. 履带起重机可采用……
	第五章	模板工程				
	五－11	滑模　(1)竖井滑模	362	正6行	衬砌后断面面积(m^2)	竖井内径(m)
	第六章	砂石备料工程				
		说明	380	正4行	……该定额应作相应调整。	……该定额不作调整。
	六－2	人工筛分砂石料	384	正11行	零星材料费1%	零星材料费3%
	第七章	钻孔灌浆及锚固工程				
	七－3	钻岩石层排水孔、观测孔 (1)钻机钻孔	460	倒0行		5. 钻观测孔时，人工、钻机定额乘1.25系数。

续表

序号	章节	名　　称	页码	位置	错　误	更　正
	七-3	钻岩石层排水孔、观测孔 (2)风钻钻孔	461	正3行	工作内容:孔位转移、接拉风管、钻孔、检查孔钻孔。	工作内容:孔位转移、接拉风管、钻孔。
	七-4	坝基岩石帷幕灌浆 (1)自下而上灌浆法	462	正18行	灰浆搅拌机 209.6	灰浆搅拌机 219.6
	七-4	坝基岩石帷幕灌浆 (2)自上而下灌浆法	463	倒4行	胶轮车 36.2	胶轮车 46.2
	七-13	灌注孔口管 (1)覆盖层	473	正4行	工作内容:……打孔……	工作内容:……扫孔……
	七-25	预埋骨料灌浆	520	倒3行	载重汽车 5t	自卸汽车 5t
	七-28	水位观测孔工程	523	正4行	单位:100m	单位:孔
				倒1行	注:……钻孔请选用七-3节定额,	注:……钻孔请选用七-3节定额,其中人工、钻机乘1.50系数,

续表

序号	章节	名　　称	页码	位置	错　误	更　正
	七－35	地下砂浆锚杆——风钻钻孔	542	正2行	适用范围:露天作业。	适用范围:地下作业。
	七－36	地下药卷锚杆——风钻钻孔	544	正2行	适用范围:露天作业。	适用范围:地下作业。
	第八章	疏浚工程				
		说明	577	正17行	缺少说明,4. 如设计总开挖泥(砂)层厚度……	4. 如设计总开挖泥(砂)层厚度或分层开挖底层部分的开挖层厚,大于或等于绞刀直径的0.5倍,而小于绞刀直径的0.9倍时,按表8－2所列系数调整挖泥船、配套船舶及人工定额;如设计总开挖泥(砂)层厚度小于绞刀直径的0.5倍时,则不执行本定额。 表8－2内容同预算定额。
		说明	577	倒3、4行	表8－2	表8－3
	八－5	水力冲挖机组	743～750	表头内	排泥管线长度(km)	排泥管线长度(m)
	八－6	其他　(1)绞吸式挖泥船及吹泥船排泥管安装拆除	751	正5行	单位:100m 管长	单位:100m 管长·次
	第九章	其他工程				

续表

序号	章节	名称	页码	位置	错误	更正
	九－7	公路路面	762	倒10行	矿粉4.8	矿粉0.48
			762	倒11行	石屑数量	石屑数量各子目依次为:23、1.2、5.1、0.64、21、3.5、0、0
	附录					
		附录3	772～777	正2行	净占时间	净钻时间
		附录10	809	倒3行	输冰胶带机	胶带输送机
		附录10	810	倒4、5行	输冰胶带机	胶带输送机
三		**水利水电设备安装工程预算定额**				
	第三章	水轮发电机安装				
	三－4	发电机/电动机	62～64	倒4行	空气压缩机9m³/min	汽车起重机16t
	第七章	电气设备安装				
	七－3	直流系统 (5)蓄电池(密闭式)	122	正3行	2000	>1800
	第八章	变电站设备安装				
	八－2	断路器	173	正11行	08061定额，紫铜片无消耗量	08061定额，紫铜片数量为33kg

续表

序号	章节	名　称	页码	位置	错　误	更　正
	第九章	通信设备安装				
	九－1	载波通信设备	195	倒4行	卷扬机	卷扬机 5t
	九－2	生产调度通信设备	197	倒5行	吹风机 $3m^3/min$	空压机 $3m^3/min$
	第十三章	压力钢管制作及安装				
	十三－3	钢管运输	317	倒3行	载重汽车 20t	载重汽车 15t
四		**水利水电设备安装工程概算定额**				
	第一章	水轮机安装				
	一－1	混流式水轮机	13	正11行	01015 定额钢管消耗量 725kg	01015 定额钢管消耗量 754kg
	一－6	水轮机/水泵	30	正11行	01096 定额型钢消耗量 6425kg	01096 定额型钢消耗量 8425kg
	第二章	水轮发电机安装				
	二－1	竖轴水轮发电机	45	倒12行	02026 定额木材消耗量 $12.8m^3$	02026 定额木材消耗量 $13.4m^3$
	第六章	电气设备安装				
	六－4	直流系统	84	正6行	容量(Ah)＞2000	容量(Ah)＞1800

续表

序号	章节	名　　称	页码	位置	错　误	更　　正
	六－8	母线　(3)封闭母线	88	正3行	06021定额项目680×5/450×8	680×5/300×8
	第七章	变电站设备安装				
	七－2	断路器　(3)六氟化硫断路器	112	倒9行	镀锌螺栓6、9、20、30、36	镀锌螺栓60、90、200、300、360
	七－4	一次拉线　(2)铝管型母线	114	倒9行	氧气	氩气
	附录					
	附录一	定额调整计算举例	210	正8行	工程地区人工预算单价/北京地区人工预算单价	工程地区中级工预算单价/北京地区中级工预算单价
五		**水利工程施工机械台时费定额**				
	一	推土机	11	正4行	1046＃定额推土机功率120kW	118～120kW
	一	扒渣机	23	正2行	扒渣机	装岩机

续表

序号	章节	名称	页码	位置	错误	更正
	二	强制式混凝土搅拌楼	29	2025#	型号:2×4.5m^3	型号:1×2m^3
					折旧费:728.50 元	折旧费:131.60 元
					修理及替换设备费:192.24 元	修理及替换设备费:39.48 元
					安装拆卸费:0 元	安装拆卸费:0 元
					小计:920.74 元	小计:171.08 元
					人工:7.3 工时	人工:7.3 工时
					电:236.3kW·h	电:133.4kW·h
				2026#	型号:4×4.5m^3	型号:2×3m^3(或 2×2.5m^3)
					折旧费:1551.00 元	折旧费:235.00 元
					修理及替换设备费:409.29 元	修理及替换设备费:70.50 元
					安装拆卸费:0 元	安装拆卸费:0 元
					小计:1960.29 元	小计:305.50 元
					人工:11.7 工时	人工:7.3 工时
					电:400.2kW·h	电:200.1kW·h
	七	机艇(功率 50kW)	149	倒 7 行	柴油 14.9kg	柴油 9.0kg
	七	机艇(功率 60kW)	149	倒 7 行	柴油 14.9kg	柴油 10.8kg
	七	砂驳 60m^3	153	倒 9 行	无人工消耗量	人工 3.9 工时
	七	砂驳 180m^3	153	倒 9 行	无人工消耗量	人工 6.3 工时